笛卡儿几何

La Géométrie de René Descartes

[法] 勒内 · 笛卡儿 —— 著

赵英晖 —— 译

U0397643

上海教育出版社
SHANGHAI EDUCATIONAL
PUBLISHING HOUSE

图书在版编目（CIP）数据

笛卡儿几何 / (法) 勒内·笛卡儿著；赵英晖译
. —上海：上海教育出版社，2022.11
ISBN 978-7-5720-1658-5

Ⅰ.①笛… Ⅱ.①勒… ②赵… Ⅲ.①解析几何
Ⅳ.①O182

中国版本图书馆CIP数据核字(2022)第173590号

责任编辑　项征御
封面设计　金一哲

Dikaer Jihe
笛卡儿几何
笛卡儿(René Descartes)　著　赵英晖　译

出版发行	上海教育出版社有限公司
官　　网	www.seph.com.cn
地　　址	上海市闵行区号景路159弄C座
邮　　编	201101
印　　刷	启东市人民印刷有限公司
开　　本	700×1000　1/16　印张7　插页1
字　　数	84千字
版　　次	2022年11月第1版
印　　次	2022年11月第1次印刷
书　　号	ISBN 978-7-5720-1658-5/I·0131
定　　价	35.80 元

如发现质量问题，读者可向本社调换　电话：021-64373213

出版说明

　　大语文时代,阅读的重要性日益凸显。中小学生阅读能力的培养,已经越来越成为一个受到学校、家长和社会广泛关注的问题。学生在教材之外应当接触更丰富多彩的读物已毋庸置疑,但是读什么? 怎样读? 仍然是一个处于不断探索中的问题。

　　2020 年 4 月,教育部首次颁布了《教育部基础教育课程教材发展中心 中小学生阅读指导目录(2020 年版)》(以下简称《指导目录》)。《指导目录》"根据青少年儿童不同时期的心智发展水平、认知理解能力和阅读特点,从古今中外浩如烟海的图书中精心遴选出 300 种图书"。该目录的颁布,在体现出国家对中小学生阅读高度重视的同时,也意味着教育部及相关专家首次对学生"读什么"的问题做出了一个方向性引导。该目录的推出,"旨在引导学生读好书、读经典,加强中华优秀传统文化、革命文化和社会主义先进文化教育,提升科学素养,打好中国底色,开阔国际视野,增强综合素质,培养有理想、有本领、有担当的时代新人"。

　　上海教育出版社作为一家以教育出版为核心业务的出版单位,数十年来致力于为教育领域提供各种及时、可靠、实用、多样的图书产品,在学生阅读这一板块一直有所布局,也积累了一定的经验。《指导目录》颁布后,上教社尽自身所能,在多家兄弟出版社和相关机构的支持下,首期汇聚起其中的100 余种图书,推出"中小学生阅读指导目录"系列,划分为"中国古典文学""中国现当代文学""外国文学""人文社科""自然科学""艺术"六个板块,按照《指导目录》标注出适合的学段,并根据学生的需要做适当的编排。丛书拟于一两年内陆续推出,相信它的出版,将会进一步充实上教社已有的学生课外阅读板块,为广大学生提供更经典、多样、实用、适宜的阅读选择。

编　者

Franciscus à   Schooten Ph. Mat.

RENATVS DES-CARTES, DOMINVS DE PERRON, NATVS HAGÆ TVRONVM, ANNO M.D.XCVI. VLTIMO DIE MARTII.

ad vivum delineavit   à fecit Anno 1644

Primus inaccessum qui per tot sæcula verum
Eruit è tetris longæ caliginis umbris,
Mysta sagax, Natura, tuus, sic cernitur Orbi
Cartesius. Voluit sacros in imagine vultus
Jungere victuræ artificis pia dextera famæ,
Omnia ut aspicerent quem sæcula nulla tacebunt:

CONSTANTINI HVGENII F.LY

目 录

告　读　者

　　我写东西向来力求明了,但这篇论文,恐怕只有理解几何书[1]所讲内容的人才能读懂,因为几何书里包含许多真理且给出了很好的证明,我认为无需重复,便将它们直接运用到了我的论述中。

1　指当时已有的几何类书籍。(译注)

第一章 仅用圆和直线作图的问题

几何学的所有问题都可轻松归结为算术表达式,因而,只需知道几条线段的长度便可作图。

算术运算与几何运算的关系

算术只包括四或五种运算,即加、减、乘、除和开方(开方也可被视为一种除法)。同样,在几何学里,要找到所求的线,只需添加或减去一些线即可;或者,我可任取一条线段,以它为单位,由此尽可能将它与数字关联起来,若另还有两条线段已知,则可作出第四条线段,使它与这两条线段之一的比,等于这两条线段中的另一条与单位线段的比,这相当于乘法;或者,可作出第四条线段,使它与这两条线段之一的比,等于单位线段与这两条线段中另一条的比,这相当于除法;最后,还可以找到单位长度和另外某条线段的一个、两个或多个比例中项,这相当于开平方或开立方;等等。我将算术表达式引入几何学中,为的是把问题说清楚。

如何用几何方法做乘法、除法和开平方

乘法

例如,AB 为单位,若求 BD 乘 BC,我只需连接点 A 和点 C,作 CA 的平行线 DE,则线段 BE 即为所求之积(图 1)。

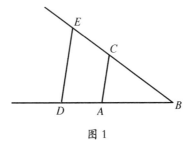

图 1

除法

若求 BE 除以 BD 的商,则需连接点 E 和点 D,作 DE 的平行线 AC,则 BC 即为所求之商。

开平方

若求 GH 的平方根,则添加线段 FG,使 GH 和 FG 在同一直线上,以 FG 为单位,取 FH 的中点 K,以 K 为圆心作圆 FIH,然后以点 G 为垂足,作线段 GI,与圆周相交于点 I,GI 即为所求的平方根(图 2)。此

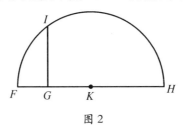

图 2

处暂不讲解立方根和其他方根的求法,放在下文讲解更方便。

在几何中怎样使用代数字母

通常,我们不必像上面这样在纸上画出线段,只需用字母表示即可,每条线段用一个字母表示。比如,若要表示线段 BD 加上 GH,则可用 a 和 b 分别代表两条线段,写为 $a+b$;$a-b$ 表示从 a 中减去 b;ab 代表 a 乘 b;$\frac{a}{b}$ 表示 a 除以 b;aa 或 a^2 表示 a 乘 a,a^3 表示 aa 再乘 a,由此以至无穷;$\sqrt{a^2+b^2}$ 表示 a^2+b^2 的平方根,$\sqrt[3]{a^3-b^3+ab^2}$ 表示 $a^3-b^3+ab^2$ 的立方根,依此类推。

此处应注意,我用 a^2、b^3 或其他表达式代表的通常只是简单的线段,而且,我称它们为平方或立方,是为了使用代数中的通用名称。

还应注意,当单位未确定时,同一条线段的各个部分通常应当用相同的次数表示,比如 $a^3-b^3+ab^2$ 这条线段,它的组成部分 a^3 的次数与 ab^2 和 b^3 相同。但当单位已确定时,由于在次数较高或较低的项中,单位都可以隐含其中,因此各组成部分的次数可以不同。例如,若求 a^2b^2-b 的立方根,我们必须认为 a^2b^2 被单位除过一次,b 被单位乘过两次。

最后,为记住线段名称,我们在命名和修改名称时要单独用一个列表记录。例如,

$$AB=1,即\ AB\ 等于\ 1,$$
$$GH=a,$$
$$BD=b,$$
$$......$$

如何找到能解决问题的方程

因此，当我们想解某个问题时，首先应将它视为已解，找到得出此解可能需要的全部已知和未知线段，逐一命名。然后，不论是已知线段还是未知线段，都一视同仁，按照它们之间最自然的相互依存顺序步步推进，检查问题，直至找到两种方法表示同一数量，这样就得到一个方程，一种表示方法里的项等于另一种表示方法里的项。我们得到的方程数目应等于我们所设的未知线段数。

但是，假如我们没有遗漏与该问题相关的任何因素，却仍没能得到足够多的方程，这就说明该问题的解还没有完全确定。此种情况下，我们可任意指定已知线段的长度作为无方程对应的未知线段的长度。然后，若仍有未知线段，则将剩下的方程按顺序，或单独使用，或与其他方程相比较后将其解开，以表示每条仍无方程对应的未知线段，使得解完这些方程后，只剩一条未知线段，它等于某条已知线段；或该未知线段的平方、立方、四次方、五次方、六次方……等于两个或多个量的和或差，这些量中的一个已知，其余由单位和这个（未知量的）平方、立方或四次方等的比例中项乘其他已知线段组成。

我用算式表述如下：

$$z = b,$$
$$或\ z^2 = -az + b^2,$$
$$或\ z^3 = az^2 + b^2z - c^3,$$
$$或\ z^3 = az^3 - c^3z + a^4,$$

等等。

其中，z 是我设的未知量，z 等于 b；或 z 的平方等于 b 的平方减去 a 与 z 的积；或者 z 的三次方等于 z 的平方乘 a，加上 b 的平方乘 z，再减去 c 的立方；依此类推。

因此，当一个问题可用圆与直线作图，或用圆锥曲线作图，甚或用仅比圆锥曲线高一次或两次的曲线作图来解答时，所有未知量都可用单独一个量来表示。但就此问题，我不再细说，不然会剥夺你们自己研习的乐趣，无法让你们的思维从研习中受益，而这一益处才是我们从这门科学中得到的最重要的收获。而且，略通普通几何和代数的人，阅读本文只要仔细，都不会有任何理解困难。因此，我只想提醒大家，在求解方程时，只要尽可能利用除法[2]，就能最大程度地简化问题。

"平面"问题有哪些

如果一个问题可用普通几何学求解，也就是说只用一个平面中的直线和圆就能求解，当最终的方程得解时，将最多只剩一个未知量的平方，这个未知量的平方等于其平方根与某个已知量的乘积，再加上或减去另一个已知量。

"平面"问题如何求解

此时这个根或未知线段很容易求得。例如，若已知 $z^2 = az + b^2$，我作直角三角形 NLM（图3），其中一条边 LM 等于 b，即已知量 b^2 的平方根，另一边 LN 等于 $\frac{1}{2}a$ 即另一个与 z 相乘的已知量的一半，z 为未知线段。延长三角形的斜边 MN 至点 O，使 NO 等于 NL，则 OM 的长度即

2　此处的除法是指利用分解因式的技巧将代数方程裂项。（译注）

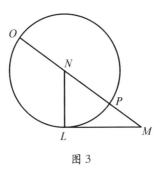

图 3

是所求线段 z。z 可以表示为

$$z = \frac{1}{2}a + \sqrt{\frac{1}{4}a^2 + b^2}。$$

若已知 $y^2 = -ay + b^2$，y 为所求，我同样作直角三角形 NLM，在斜边 MN 上取 NP 等于 NL，余下的 PM 就是所求的根 y。y 可以表示为

$$y = -\frac{1}{2}a + \sqrt{\frac{1}{4}a^2 + b^2}。$$

同样，若已知 $x^4 = -ax^2 + b^2$，则 PM 为 x^2，得到

$$x = \sqrt{-\frac{1}{2}a + \sqrt{\frac{1}{4}a^2 + b^2}}。$$

其他依此类推。

最后，若已知 $z^2 = az - b^2$，我作 NL 等于 $\frac{1}{2}a$，作 LM 等于 b 同前，然后，不连接点 M 和点 N（图 4），而是作直线 MQR 平行于 LN，以 N 为圆心，NL 为半径作圆，与 MQR 相交于点 Q 和点 R，那么，我们所求的线段 z 等于 MQ 或者 MR，因为 z 有如下两种表达方式，即

$$z = \frac{1}{2}a + \sqrt{\frac{1}{4}a^2 - b^2}，$$

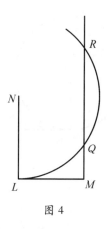

图 4

和

$$z = \frac{1}{2}a - \sqrt{\frac{1}{4}a^2 - b^2} \, 。$$

若以点 N 为圆心经过点 L 的圆不与直线 MQR 相交,则方程无根,由此可以确定所给问题无解。

此外,这些根可由很多其他方法求得。我只想给出这些很简单的例子,让大家明白普通几何的问题都可以用上文解释的四种图形解答。先前的数学家们并未注意到这一点,不然,他们就这个问题的论述不会卷帙浩繁。他们在书里给出问题的顺序说明他们并没有发现所有问题,而仅仅是将他们偶然遇到的问题集中起来罢了。

帕普斯[3]的例子

这一点在帕普斯著作第七卷的开头十分明显,帕普斯先列举了前人

---

3 Pappus of Alexandria,古希腊数学家,生活在 3 到 4 世纪,著有《数学汇编》
   (*Synagoge*)。(译注)

有关几何的所有论述,最后,他谈到一个问题,他说这个问题无论是欧几里得、阿波罗尼奥斯[4],还是其他人都没有完全解出。他是这样说的[5]:

> 阿波罗尼奥斯就其著作的第三卷说,欧几里得没有完全处理三线和四线问题。他自己如果仅仅根据欧几里得时代已证明了的有关圆锥的知识来研究三线和四线问题的话,也解不出这个问题,不会比别人有更大进展,不会给欧几里得的论述作出任何补充。

下文稍后的地方,帕普斯解释了这个问题是什么:

> 阿波罗尼奥斯认为自己推进了三线和四线问题的研究,并引以为傲,其实他本该感谢首先研究过这个问题的人。若三条直线的位置给定[6],从同一点向这三条直线分别引出线段,使得所引线段与给定直线相交的角度为给定值,并且,所引线段中两条的乘积与另一条线段的平方的比值确定,则满足以上条件的点位于一条位置确定的"立体"轨迹上,即位于三种圆锥曲线的一种上[7]。若有四条直线

---

4 Apollonius of Perga(约公元前 250 到 190 年),古希腊数学家,著有《圆锥曲线论》(*Conics*)。(译注)

5 我引用拉丁语版,不引用希腊语版,这样大家都容易明白。我们在此给出帕普斯的讨论针对的对象,即阿波罗尼奥斯《圆锥曲线》第一卷的序言:"第三卷包括很多许多值得注意的定理,这些定理有助于平面的综合和确定问题得以可能的条件。这些定理中的大部分,以及其中最好的定理都是新定理;它们的发现使我们认识到,欧几里得并没有实现三线和四线的综合,而只是随机选取了三线和四线平面中的一部分,并且他选取的部分并不合适;因为,没有我们的发现,就不可能进行全面的综合。"(原注)

6 见[1]第 16 页。(译注)

7 在古希腊数学,特别是在阿波罗尼奥斯的语境下,平面几何问题可以分为:"平面的"(planar),指可由尺规作图完成的几何问题;"立体的"(solid),指涉及圆锥曲 (转下页)

的位置给定，由一点向这四条直线引线段，使得所引线段与给定直线相交的角度为给定值，并且其中两条线段的乘积与另两条线段的乘积之比确定，则该点轨迹也将位于位置确定的圆锥曲线上。此外，若给定直线只有两条，则所求点的轨迹为"平面"轨迹。若有四条以上给定直线，则所求点的轨迹不属于目前已知任何曲线，我们只能简单地称其为"线"，而不知其属性；在这些"线"中，除了最明显，但不是第一条的一条"线"以外，人们都没有做过综合研究，也没有指出它们有什么用途；即便对第一条也即最容易了解的那条，也没有做过。

以下是我对解答这个问题的看法。

若从某一点向五条给定直线引线段，使所引线段与给定直线成给定角度，所引线段中的三条组成的"平行六面体"，与其余两条线段与任意给定线段组成的"平行六面体"的比为给定值[8]，则该点位于一条位置确定的"线"上。

若给定的直线数为六条，且三条所引线段组成的"立方体"与其他三条所引线段组成的"立方体"的比为给定值，则该点也将位于一条位置确定的"线"上。

若有六条以上的给定直线，就不能说四条所引线段组成的形状与其他线段组成的形状之间的比例关系，因为不存在三维以上的形

(接上页)线的几何问题，因其构造需要用到立体图形的表面（圆锥面）；"'线'性"的，指涉及比圆锥曲线更复杂的曲线的几何问题。见帕普斯《数学汇编》卷七。为不致与现代意义混淆，本文翻译加引号区别。（译注）

8 原文如此。在古希腊数学的语境下，经常用一定维数的几何体来"表示"数的乘积。这里的意思是：其中三条线段的长度的乘积与另外两条线段的长度和某给定长度 a 的乘积的比值为给定的值。下文六条直线的情况亦是如此。我们将按字面含义翻译，但加引号以示区别。（译注）

状。早先研究该问题的人都同意,用这些"线"构造的图形是无法理解的。然而,用这样的比值来陈述和说明一般的情形是可行的。

在此,请大家注意古人在几何学中使用代数表达时的疑虑,这只是因为他们并不十分清楚几何与代数的关系。这种疑虑使他们在解释中遇到很多困难和障碍,因为帕普斯继续说道:

　　　　若向给定直线引线段,使直线与线段成给定角度,并且给定其中两条线段之比、另两条线段之比、又另两条线段之比……以及最后一条线段与一条给定线段之比(若总共有七条给定直线),或最后两条线段之比(若总共有八条给定直线)的乘积,则所求之点位于位置确定的"线"上。不论有多少条给定直线,不论是偶数条还是奇数条,都是如此。但正如我所说,在给定直线多于四条的情况下,没有任何方法使我们了解这条"线"究竟如何。

所以,这个肇始于欧几里得、到阿波罗尼奥斯获得进一步研究、但谁也没有完成的问题是这样的:[9]

有三条、四条或更多条给定直线,过一点向这几条给定直线各引一条线段,令所引线段与给定直线相交的角度为给定值。若给定直线为三

9　此处给出帕普斯问题的一般形式,以供读者理解:设平面上有给定的 n 条直线 l_1,l_2,…,l_n 和线段 a。设有给定的 n 个角 θ_1,…,θ_n。由平面上的某一点 P,向 l_i 引线段,使所引线段与 l_i 的夹角为 θ_i,并令该线段长度为 d_i。求 P 点的轨迹,使得 d_i 满足:若 $n=3$,则 $\dfrac{d_1^2}{d_1 d_2}$ 为给定常数;若 $n>3$,$n=2k+1$,则 $\dfrac{d_1 d_2 \cdots d_{k+1}}{a d_{k+2} \cdots d_{2k+1}}$ 为给定常数;若 $n>3$,$n=2k$,则 $\dfrac{d_1 \cdots d_k}{d_{k+1} \cdots d_{1k}}$ 为给定常数。(译注)

条,所引线段中两条的乘积与另一条线段的平方的比值确定;若给定直线为四条,其中两条线段的乘积与另两条线段的乘积之比确定;若给定直线为五条,则三条线段构成的"平行六面体",与其他两条线段与某一已知线段构成的"平行六面体"之比确定;若给定直线为六条,则其中三条线段构成的"平行六面体"与其他三条线段构成的"平行六面体"之比确定;若给定直线为七条,则四条线段的乘积,与其他三条与另一条给定线段的乘积之比确定;若给定直线为八条,则四条线段的乘积与其他四条的乘积之比确定。因此,这个命题可以扩展至任意其他数目的给定直线。然后,由于满足这些要求的点总有无限多个,因此需要我们来发现并绘制出一个包含所有这些点的曲线。帕普斯提出,当仅有三条或四条已知直线时,这条曲线就是三条圆锥曲线之一。但是,他并没有确定这条曲线到底是什么,也没有对之进行描述,更没有解释当给定直线的数目更多时,点的轨迹如何。他仅补充道,古人只想象出了一条这样的"线"并曾说明它有用,但这条"线"虽然看起来最简单,却不是最基础的。这就给了我机会,试试看用我自己的方法能否在这条探索之路上直追古人。

解帕普斯问题

首先,我发现,如果命题仅涉及三条、四条或五条给定直线,我们仅用基础几何学即可得到所求点的轨迹,也就是说,仅用直尺和圆规,通过我上面已解释的方法即可。但五条给定直线相互平行的情况除外,此种情况下,与给定六条、七条、八条或九条直线的情况相同,要得到所求之点,可用"立体"几何的方法,即用三条圆锥曲线中的一种。但九条给定直线相互平行的情况除外,此种情况,以及给定十条、十一条、十二条或十三条直线的情况，要得到所求点的轨迹，则需使用比圆锥曲线高一次的曲线。同样，十三条给定直线相互平行的情况除外，此种情况，以及十四条、十五条、十六条和十七条给定直线的情况，要得到所求点的轨迹，需使用更高一次的曲线，依此无限类推。

其次，我还发现，当仅有三条或四条给定直线时，所求之点不仅落在三条圆锥曲线的一条上，有时也落在圆上或直线上。当给定直线为五条、六条、七条或八条时，所求之点全部落在比圆锥曲线高一次的曲线上，所有比圆锥曲线高一次的曲线都有可能；然而，所求之点也可能落在圆锥曲线上、圆上或直线上。若有九条、十条、十一条或十二条给定直线，所求之点落在比上述曲线更高一次的曲线上，所有更高一次的曲线都有可能。依此类推以至无穷。

最后，在圆锥曲线之后，最基础的第一条曲线，也是最简单的一条曲线，是由抛物线与直线相交产生的，下文将对此进行解释。

由此我认为，我已完全实现了帕普斯所说的古人的目标。上文赘述冗长，后面的证明我将尽力简洁。

任意作给定位置的直线 AB、AD、EF、GH 等（图5），所求点为点 C，过点 C 分别向各给定直线引线段 CB、CD、CF、CH 等，并令所引线段与给定直线相交的角度为给定值，对应的角分别为角 CBA、角 CDA、角

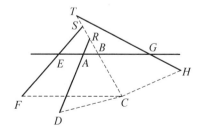

图 5

CFE、角 CHG 等,并且,线段中某几条的乘积等于另外几条的乘积,或者这两个乘积的比值确定,后一种情况(即两个乘积的比值确定)不会增加问题的难度。

要得到这一问题的方程该如何确定各项

首先,假设问题已得解,由于涉及的线很多,易生混乱,因此我只考虑给定直线中的一条和所求曲线中的一条。例如,以 AB 和 BC 为主要直线,作为其他所有线的参照。设点 A、B 之间的线段 AB 为 x,设线段 BC 为 y;其他给定直线若不与 AB 或 BC 平行,则将它们全部与 AB、BC 或 AB 和 BC 的延长线相交。如图6,给定直线与 AB 相交于点 A、E、G,与 BC 相交于点 R、S、T。而后,因为三角形 ARB 的所有内角均已给定,所以边 AB 与 BR 的比已定,我将这个比表述为 $AB : BR = z : b$。 因为 $AB = x$,则可得到 $RB = \dfrac{bx}{z}$;若 B 位于 C、R 之间,则 CR 等于 $y + \dfrac{bx}{z}$;若 R 位于 C 和 B 之间,则 CR 等于 $y - \dfrac{bx}{z}$;若 C 位于 B 和 R 之间,则 CR 等于 $-y + \dfrac{bx}{z}$。 同样,三角形 DRC 的三个内角已知,所以边 CR 与 CD 的比也可知,我将这个比表述为 $z : c$,因为 CR 等于 $y + \dfrac{bx}{z}$,可得 CD 等于 $\dfrac{cy}{z} + \dfrac{bcx}{z^2}$。 那么,由于直线 AB、AD 和 EF 为给定直线,因此点 A 到点 E 的距离也已给定。如果设这个距离为 k,则可得到 $EB = k + x$;若 B 在 E、A 之间,则 $EB = k - x$;若 E 在 A、B 之间,则 $EB = -k + x$。因为三角形 ESB 的内角已知,所以 BE 与 BS 的比可得,我们将此比记作 $z : d$,

则得到 $BS=\dfrac{dk+dx}{z}$ 与 $CS=\dfrac{zy+dk+dx}{z}$。若 S 在 B、C 之间,则得

到 $CS=\dfrac{zy-dk-dx}{z}$;若 C 在 B、S 之间,则得到 $CS=$

$\dfrac{-zy+dk+dx}{z}$。三角形 FSC 的三个内角已知,所以 CS 与 CF 的比可

知,记作 $z:e$,由此得到 $CF=\dfrac{ezy+dek+dex}{z^2}$。

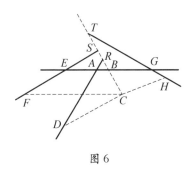

图 6

同样,AG 已知,或记为 l,$BG=l-x$。三角形 BGT 中,BG 与 BT

的比可知,即 $z:f$。所以 $BT=\dfrac{fl-fx}{z}$,$CT=\dfrac{zy+fl-fx}{z}$。三角形

TCH 中,TC 与 CH 比为 $z:g$ 已知,所以 $CH=\dfrac{gzy+fgl-fgx}{z^2}$。

　　由此可看出,无论给定直线有多少条,任何过点 C 与给定直线成定角的线段,总可以用三个项表示:一项是未知量 y 乘或除以某已知量;另一项是未知量 x 乘或除以某已知量;第三项是一个已知量。仅当这些线段平行于 AB 或 CB 时另当别论:当这些线段平行于 AB 时,x 为 0;当这些线段平行于 CB 时,y 为 0。这种情况非常简单,我不再进一步解释。每一项的符号可以是 $+$ 或 $-$,可任意组合。

　　还可以看出,将这些线段相乘,乘积中各项包含的 x 或 y 的次数不会超过被求积的线段数目。因此,若两线段相乘,则次数不会超过二,若

三条线段相乘,则次数不会超过三;依此类推以至无穷。[10]

当给定直线不超过五条时如何知道该问题是"平面"问题

　　而且,因为要确定点 C 仅需一个条件,即若干线段的乘积等于其他若干线段的乘积,或与其他若干线段的乘积成定比(成定比的情况并不比相等的情况难解决),所以我们可从两个未知量 x 或 y 中任取其一,然后通过方程求另一个量。在这个方程中,显然当给定直线不超过五条时,第一条线段的表达中没有用到 x[11]。由此,若给 y 一个数值,则得到 $x^2 = \pm ax \pm b^2$,我们可按照上文解释过的方法用直尺和圆规求出 x。同样,若令线段 y 等于连续的无穷个不同数值,则我们将得到线段 x 的无穷个值,并由此得到无穷多个不同的点 C,从而得到所求曲线。

　　当给定直线为六条或更多时,若其中几条与 AB 或 BC 平行,且 x 或 y 在方程中的次数仅为二次,则可用直尺和圆规作图找到点 C。但是,若给定直线全部相互平行,则即便给定直线仅有五条,也不能通过此法找到点 C,因为此时 x 为 0,没有出现在方程中,所以不能给 y 指定一

10　通过笛卡儿的讨论,对任意的 $i = 1, 2, \cdots, n$,都存在已知的数 a_i, b_i 和 c_i,使得 $d_i = a_i x + b_i y + c_i$。于是,当 $n = 2k$ 时,所得方程为

$$(a_1 x + b_1 y + c_1) \cdots (a_k x + b_k y + c_k) = (a_{k+1} x + b_{k+1} y + c_{k+1}) \cdots (a_n x + b_n y + c_n);$$

当 $n = 2k + 1$ 时,所得方程为

$$(a_1 x + b_1 y + c_1) \cdots (a_{k+1} x + b_{k+1} y + c_{k+1}) = a(a_{k+2} x + b_{k+2} y + c_{k+2}) \cdots (a_n x + b_n y + c_n)。$$

(译注)

11　由于在笛卡儿的通用方法中,第一条线段的长度总被设为 y(如上面例子中的 BC),故当 $n \leqslant s$ 时,方程的左边总可表示为 $y(a_2 x + b_2 y + c_2)(a_3 x + b_3 y + c_3)$,而方程右边的次数不超过 2。(译注)

个数值,而必须求 y 的值[12]。因为 y 的次数为3,所以我们只能通过求某个三次方程的立方根得到 y,通常而言,只有利用圆锥曲线才可做到。进而,若给定直线不超过九条,且这九条直线并非全部相互平行,我们总能使方程不超过四次,这样一来,我们总能用圆锥曲线求解,方法见下文。同样,若给定直线不超过十三条,则方程不超过六次,可以使用比圆锥曲线高一次的曲线求解,方法也将在下文讲解。

这就是我在这里要论证的第一部分内容,在开始第二部分之前,先对曲线性质做一些基本说明是必要的。

12　利用笛卡儿的方法,设 $CB = y$,则容易求得 CD,CF,CH,CP 都可以写成 $d_i = b_i y + c_i$ 的形式。于是,按笛卡儿方法求得的方程为

$$(b_1 y + c_1)(b_2 y + c_2)(b_3 y + c_3) = a(b_4 y + c_4)(b_5 y + c_5)。$$

此时,这是一个只关于 y 的三次方程,可以"解出"y。（译注）

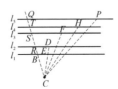

第二章　曲线的性质

哪些曲线可归入几何学

古人注意到,几何问题可分三类,即"平面"问题、"立体"问题和"线"性问题。古人在这一点上做得很好。即是说,有些问题只需直线和圆来作图,有些问题至少要用到圆锥曲线,还有一些问题则需更复杂的曲线。

但我感到吃惊的是,古人没有进一步研究,没有再对这些更复杂的曲线进行区分,我也不明白他们为什么称这些更复杂的曲线为机械的,而不是几何的[13]。如果原因在于人们必须借助仪器才能绘制出这样的曲线,那么圆和直线也不应当算作几何曲线,因为只有用圆规和直尺才能在纸上画出圆和直线,而圆规和直尺也可叫作仪器。

绘制更复杂的曲线所用仪器比直尺和圆规复杂,故而不如直尺和圆规精确,所以他们才称这些曲线为机械的吗? 我认为这不是原因。倘若是出于仪器不精确之故,则这种曲线就不应被称为机械的,因为机械学对作图精确度的要求高于几何学。几何学只追求推理的精确,而无论研

13　笛卡儿希望比古希腊的传统更进一步,重新定义什么是"几何的"问题。在这一部分,笛卡儿走出了第一步,即规定可以由一条曲线的连续运动带动的点的运动轨迹所构成的曲线是"几何的"。下面是他的说明。(译注)

究任何线条,推理的精确都可臻完美。

我认为原因也不在于他们拒绝增加公设。他们确实让大家接受两个公设:任意两点之间可作一条直线;绕一个给定的圆心,过一个给定的点可作一个圆。但这并非全部,他们在处理圆锥曲线时,毫不犹豫地又引入了一个公设,即任意一个给定的圆锥可被一个给定的平面切割[14]。

我在此研究的所有曲线,只需一个假设,即两条或两条以上的线可以一条带动另一条移动,由它们的交点确定其他曲线。我认为这并不比古人的做法困难。

的确,古人并未把圆锥曲线完全归入几何学中,我也不想改变人们习以为常的名称;然而,我觉得很清楚的是,如果像大家一样把精确的东西视为几何的,把不精确的视为机械的,把几何学看成一门关于所有物体的一般度量的科学,那么我们不应该排除更复杂的曲线而只研究简单的曲线,只要它们可被描述为一个连续运动,或者可被描述为几个彼此接续的运动,每个运动都完全由其之前的运动决定。因为这样我们总能获得关于某一物体的度量的确切知识。

古代几何学家拒不研究比圆锥曲线更复杂的曲线,真正的原因可能在于,他们首先注意到的复杂曲线碰巧是螺旋线、割圆曲线和类似的曲线[15],这些曲线确实只属于机械学范围,而不属于我认为的几何曲线。因

---

14 机械的(mechanical)。古希腊将涉及机械,特别是利用杠杆等抬举重物的问题称为机械的,但并不局限于此。关于古希腊 mechanics 和数学的关系,可参见[1]。一般情况下,古希腊所说的机械曲线是指无法用尺规作图画出来的曲线,笛卡儿认为这种理解包含了太多本应是"几何的"的曲线。(译注)

15 螺旋线(spiral),从一点出发,不断螺旋打开的一种数学曲线。阿基米德在公元前三世纪就已经研究过特殊的螺旋线,现在称为阿基米德螺旋线。割圆曲线(quadratrix),亦称圆积线,参数为另一条曲线相关面积的一类曲线。这一类曲线在古希腊被用来解决化圆为方的问题。阿基米德螺旋线也是一类割圆曲线。(译注)

为这样的曲线必须通过设想两个彼此独立的运动来描述，且这两个运动之间的关系不能被精准地确定。虽然他们后来研究了蚌线、蔓叶线和其他几种真正的几何曲线[16]，但由于他们对其特性了解不多，因此并未更重视。或者，也许因为他们意识到自己对圆锥曲线尚知之甚少，对直尺和圆规的许多可能性都还远未知晓，所以他们认为还不该挑战更难的问题。我希望能灵活运用本文建议的几何方法的人，今后在解决"平面"或"立体"问题时不会停滞不前。我认为是时候请他们拓展研究了，他们将得到充分的练习。

设"线"AB，AD，AF 等已由仪器 YZ 绘出（图7）。该仪器由若干直尺组成，这些直尺铰接在一起，当仪器 YZ 沿直线 AN 放置时，我们可以增大或合拢角 XYZ，当其完全合拢时，点 B、C、D、E、F、G、H 全部与点 A 重合；但是，随着我们增大角 XYZ，在点 B 以直角固定到 XY 的直尺 BC 会推动直尺 CD 朝点 Z 移动，直尺 CD 始终以直角沿 YZ 滑动；按同样方式，直尺 CD 推动直尺 DE 沿 YX 滑动，DE 始终与 YX 保持直角；直尺 CD 推动 DE 沿 YX 移动，DE 始终与 BC 保持平行；直尺 DE 推动

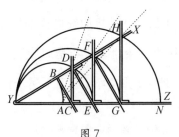

图7

16 蚌线（conchoid），一段给定长度的线段的一端沿一条给定曲线移动，使得该线段总是经过某一定点，此时线段另一端生成的轨迹所在的曲线。一般认为是由古希腊数学家尼科米迪斯（Nicomedes）最先构造的。蔓叶线（cissoid），给定两条曲线和点 O，过点 O 的直线被两条曲线截得线段 L，在直线上取点 P，使得 $OP = L$，令直线绕点 O 移动，由点 P 的轨迹所组成的曲线。比较蚌线、蔓叶线和上面的螺旋线、割圆曲线，能够较清楚地比较笛卡儿关于"几何的"和"机械的"曲线的理解。（译注）

直尺 *EF*，直尺 *EF* 推动直尺 *FG*，直尺 *FG* 推动直尺 *GH*，等等。我们可以想象有无穷多把直尺，每把直尺都推动另一把，其中部分直尺与 *YX* 成相等角度，其余直尺与 *YZ* 成相等角度。

当角 *XYZ* 增大时，点 *B* 绘出曲线 *AB*，它是一个圆；其他直尺的交点，即点 *D*、*F*、*H* 绘出其他曲线 *AD*、*AF*、*AH*，其中后两条依次比第一条更复杂，而第一条比圆更复杂。不过，我认为完全可以像描述圆或至少像描述圆锥曲线那样清楚地设想出第一条曲线；完全可以像描述第一条曲线那样清晰描述第二、第三或其他所有曲线。因此，我看不出为什么不能将这些曲线也视作几何曲线，看不出为什么不能将它们归入几何问题、用于几何思考。

对曲线分类并得出曲线上所有点与直线上所有点之间关系的方法

我可以在此给出数种其他方法来绘制和构思一系列曲线，每一条都比前一条更复杂，直至无穷。但是，要理解所有曲线，并按一定顺序对之进行某种分类，我认为最好的方法就是认识到：如果一条曲线是几何曲线（即可被某种方式精确度量的曲线），那么该曲线上所有的点都与一条直线上所有的点有某种关系，所有这些关系都能用同一个方程来表示[17]；如果这个方程中的最高次项是两个未知量的乘积或是某一个未知量的平方，那么该曲线属于第一类也即最简单的一类，第一类中只包含圆、抛

17　笛卡儿将试图说明他所认定的"几何"曲线都可以用代数方程来描述，这样的曲线在后来被称为代数曲线。于是产生了两个问题：

　　　1. 如何写出对应的方程？

　　　2. 哪些方程对应的曲线是笛卡儿所认定的"几何的"？（译注）

物线、双曲线和椭圆；当方程的最高次项是两个或一个未知量的三次方或四次方（因为需要两个未知量来表示两点间的关系），则该曲线属于第二类；如果方程最高次项是一个或两个未知量的五次方或六次方，那么该曲线属于第三类；依此类推。[18]

假设曲线 *EC* 由直尺 *GL* 和平面直线图形 *CNKL* 的交点形成（图 8），*CNKL* 的边 *KN* 朝 *C* 的方向无限延伸，并且，因为 *CNKL* 沿直线移动并保证其边 *KL* 总是与直线 *BA*（向两个方向延伸）的某些部分重合，所以使得在点 *L* 与 *CNKL* 相交的直尺 *GL* 围绕点 *G* 作旋转运动。若我想知道曲线 *EC* 属于哪一类，则要选择一条直线，比如直线 *AB*，然后将曲线 *EC* 上的所有点与直线 *AB* 上的所有点关联起来；在直线 *AB* 上，我选一点，比如点 *A*，由它开始研究。我说"选一个点"，是因为我们可以任意选择。诚然，确有很多选择可使方程简短，但无论我选择哪一点，曲线所属类型都不会变，这一点很容易证明。

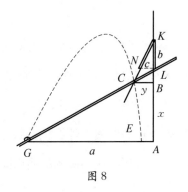

图 8

然后，我在曲线上任取一点作为点 *C*，并假设用来绘制曲线的仪器经过点 *C*。然后我过点 *C* 作 *CB* 平行于 *GA*。由于 *CB* 和 *BA* 是未知且

18　用方程来描述曲线的一个直接的好处是可以用方程的次数来对更复杂的曲线进行分类。这呼应了前文"令我感到吃惊的是……"和对帕普斯问题的次数的讨论。（译注）

不确定的量，因此我将两者分别叫做 y 和 x；为找到两者之间的关系，我还需要确定用以绘制该曲线的已知量 GA，我称之为 a；KL，我称之为 b；平行于 GA 的 NL，我称之为 c。然后，因为 NL 比 LK（即 c 比 b）等于 CB（即 y）比 BK，所以 BK 等于 $\frac{b}{c}y$，BL 等于 $\frac{b}{c}y-b$，AL 等于 $x+\frac{b}{c}y-b$。此外，由于 CB 比 LB $\left(\text{即 } y \text{ 比} \frac{b}{c}y-b\right)$ 等于 GA 比 LA $\left(\text{即 } a \text{ 比 } x+\frac{b}{c}y-b\right)$，将第二项乘第三项得到 $\frac{ab}{c}y-ab$，将首项乘末项得到 $xy+\frac{b}{c}y^2-by$，因此 $\frac{ab}{c}y-ab$ 等于 $xy+\frac{b}{c}y^2-by$，故所求方程为

$$y^2=cy-\frac{cx}{b}y+ay-ac。$$

由该方程可知曲线 EC 属于第一类，它实际上是一条双曲线。

如果在以上用于绘制双曲线的仪器中，我们用这条双曲线，或者其他位于平面 $CNKL$ 上的第一类曲线代替直线 CNK，那么该曲线与直尺 GL 的交点绘制出的将不是双曲线 EC，而是一条第二类曲线。

如果 CNK 是以 L 为圆心的圆，我们将绘制出古人遇到的第一条蚌线；而如果我们使用一个以 KB 为轴的抛物线，我们将绘制出第一条也即最简单的"线"，解答我上文提到的帕普斯问题，即当只有五条给定位置的直线时的所求曲线。

如果使用的位于平面 $CNKL$ 上的曲线不是第一类曲线，而是第二类曲线，那么可绘制出一条第三类曲线；而如果使用的是一条第三类曲线，那么可获得一条第四类曲线，依此类推。这些说法很容易通过计算验证。因此，无论何种关于曲线的构想，只要是一条我所谓的几何曲线，

便总能找到一个方程来确定该曲线上所有的点。

现在,我把使方程为四次的曲线与使方程为三次的曲线归入同一类,把使方程为六次的曲线与使方程为五次的曲线归入同一类,其余类推。如此分类的原因如下:有一个通用规则,可将任何四次方程化为三次方程、六次方程化为五次方程,这样,每一类曲线中,我们都不能认为方程次数较高者比方程次数较低者复杂。[19]

但应当注意的是,在任何同一类的曲线中,虽然大部分都同样复杂,可用它们来确定相同的点和解决相同的问题,但也有一些曲线更为简单、使用范围有限。例如,在第一类曲线中,除椭圆、双曲线和抛物线等同样复杂的曲线外,还有圆,它显然是更简单的曲线;在第二类曲线中,有普通的蚌线,它来自于圆;还有一些曲线虽然没有许多同类曲线那么大的使用范围,但不能归入第一类。

续第一章关于帕普斯问题的解释

在对曲线进行分类后,就很容易证明我刚才给出的是帕普斯问题的解。我在上文已指出,当只给定三条或四条直线时,用于确定所需点的方程最高为二次,显然,包含这些点的曲线必然属于第一类,因为这同一个方程表示了第一类曲线上所有点与一条直线上所有点之间的关系;当给定直线不超过八条时,方程最高为四次方程,所得曲线属于第二类或第一类;当给定直线不超过十二条时,方程最高为六次方程,所得曲线属于第三类或更低的类;其他情况,依此类推。

---

19 事实上并不存在这样的通用法则。笛卡儿可能是受到韦达(Viète)等人将一元四次多项式方程归结为三次的工作的影响,认为对一般的(哪怕是二元)高次多项式也存在这样的方法。(译注)

由于每条给定直线的位置都可以有诸多可能,而且由于直线位置的任何改变都会导致已知量的值以及方程中的＋、－符号发生所有可想见的变化,因此很显然,当问题是四条给定直线时,任何一条第一类曲线都是该问题的解;当问题涉及八条给定直线时,任何一条第二类曲线都是该问题的解;当问题涉及十二条给定直线时,任何一条第三类曲线都是该问题的解;等等。由此得出,凡是我们可得到其方程的任何一条几何曲线,都是一定数目的给定直线问题的解[20]。

仅三条或四条给定直线时问题的解

现在必须讨论只有三条或四条给定直线时的情况,具体地确定并给出每种情况需要的曲线;通过这一方法可以得出,第一类曲线只包括圆和三种圆锥曲线。

再考虑上文给定的四条直线 AB、AD、EF 和 GH,若过点 C 的四条线段 CB、CD、CF 和 CH 与给定直线呈定角,CB 乘 CF 等于 CD 乘 CH,求点 C 的轨迹。

即是说,如果

$$CB = y,$$

$$CD = \frac{czy + bcx}{z^2},$$

$$CF = \frac{ezy + dek + dex}{z^2},$$

---

20 笛卡儿在这里试图说明:任何一条代数曲线都可以是帕普斯问题的解。在此基础上,若能说明帕普斯问题的解是"几何的",那么就能说明笛卡儿的"几何"曲线和由代数方程描述的曲线是一致的,这就需要对帕普斯问题给出构造性的解。(译注)

以及

$$CH = \frac{gzy + fgl - fgx}{z^2};$$

那么方程为[21]

$$y^2 = \frac{(cfglz - dekz^2)y - (dez^2 + cfgz - bcgz)xy + bcfglx - bcfgx^2}{ez^3 - cgz^2}。$$

这里假设 ez 大于 cg,否则+、−符号必须全部更改。[22] 若 y 在这个方程中为零或小于零,当我们假设点 C 位于角 DAG 内时,则也必须假设点 C 位于角 DAE、角 EAR 或角 RAG 之内,并且必须改变+、−符号。如果对于这四个位置 y 都等于零,那么问题在该情况下无解。我们假设问题有解,计算方便起见,我们用 $2m$ 代替 $\frac{cflgz - dekz^2}{ez^3 - cgz^2}$,$\frac{2n}{z}$ 代替 $\frac{dez^2 + cfgz - bcgz}{ez^3 - cgz^2}$,由此得到

$$y^2 = 2my - \frac{2n}{z}xy + \frac{bcfglx - bcfgx^2}{ez^3 - cgz^2},$$

其根为

$$y = m - \frac{nx}{z} + \sqrt{m^2 - \frac{2mnx}{z} + \frac{n^2x^2}{z^2} + \frac{bcfglx - bcfgx^2}{ez^3 - cgz^2}}。$$

再一次为简洁方便起见,把 $-\frac{2mn}{z} + \frac{bcfgl}{ez^3 - cgz^2}$ 写作 o,把 $\frac{n^2}{z^2} - \frac{bcfg}{ez^3 - cgz^2}$ 写作 $\frac{p}{m}$。因为这些数量全部是给定的,我们可以随意表示它们,于是我们得到

---

21 按前文的记号。(译注)

22 显然笛卡儿忽略了 $ez = cg$ 这一情况。他本人在之后和弗洛里蒙·德·博纳(Florimond de Beaune)的通信中也意识到了这一点。(译注)

$$y = m - \frac{n}{z}x + \sqrt{m^2 + ox + \frac{p}{m}x^2}\text{。}$$

这是直线 BC 的长度。还剩下 AB 或 x 未确定。由于问题仅涉及三条或四条给定直线，因此很显然，我们得到的将始终是这些项，只是其中某些项可能为零或 ＋、－ 符号有变。[23]

然后，我作 KI 平行且等于 BA（图 9），使得 K 在 BC 上截取长度为 m 的线段 BK（因为 BC 的表达式中含 $+m$；若是 $-m$，则我应在 AB 的另一侧作 IK；若 m 为零，则我根本无需作 IK）。[24] 然后，我作 IL，使 $IK : KL = z : n$；也就是说，若 IK 等于 x，则 KL 等于 $\frac{n}{z}x$。这样，可得 KL 与 IL 的比值，我称之为 $n : a$。这样一来，若 KL 等于 $\frac{n}{z}x$，则 IL 等于 $\frac{a}{z}x$。我取点 L，使得点 K 在 L 与 C 之间，因为方程包含的是 $-\frac{n}{z}x$；若是 $+\frac{n}{z}x$，则我应在点 K 和点 C 之间任取点 L；而若 $\frac{n}{z}x$ 等于零，则我无需

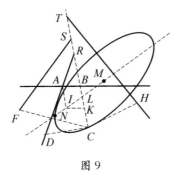

图 9

23　从下面的构造看，这里笛卡儿希望能假设常数 m, o, n, z, p 等皆大于等于0，这当然无法从它们的定义中直接得到，所以笛卡儿需要在必要的时候改变它们之前的运算符号。（译注）

24　笛卡儿在这里规定 AB 的 C 侧为正，是因为其默认 $BC = y$ 为正。（译注）

作直线 IL。这样一来,直线 LC 的表达式如下:[25]

$$LC = \sqrt{m^2 + ox + \frac{p}{m}x^2}。$$

很明显,若该式等于零,则点 C 位于直线 IL 上;若可完全开平方,也就是说若 m^2 和 $\frac{p}{m}x^2$ 同为 + 或同为 − 且 o^2 等于 $4pm$,或者 m^2 和 ox 同为零,或者 ox 和 $\frac{p}{m}x^2$ 同为零,则点 C 位于另一条直线上,该直线的位置如 IL 的位置一样容易确定。[26]

若未发生这些例外情况,则点 C 始终位于三种圆锥曲线中的一种之上,或位于一个圆上。该曲线的一条直径位于直线 IL 上,LC 作用于其上,或者有一条平行于 LC 的直径,直线 IL 作用于其上。[27] 若 $\frac{p}{m}x^2$ 为零,

---

25 这是因为 $BL = m - \frac{n}{z}x$,而 $BC = y$。注意到方程的一边,LC 包含了欲构造其轨迹的点 C,另一边包含了未知量 x,后者代表了直线 l_1 上的点,所以笛卡儿将以此方程来构造点 C 的轨迹。(译注)

26 笛卡儿构造的第一步是对此方程进行分类,注意这里所说的 m^2 和 $\frac{p}{m}x^2$ 的正负应该指的是它们之前的运算符号。当它们都为 +,且 $b^2 = 4pm$ 时,$LC = m + \frac{o}{2m}x$。这是一条直线,有兴趣的读者可以以自己尝试几何构造。(译注)

27 此处用到的是阿波罗尼奥斯《圆锥曲线论》中对圆锥曲线的构造方法。对于任一给定圆锥曲线,考虑其一组平行的弦,它们的中点所在的直线被称为该圆锥曲线的一条直径。直径与曲线交于两点 P,P'(在抛物线的情形下,可认为 P' 为无穷远点),线段 PP' 被称为圆锥曲线的一条横边(latus transversum)。只考虑圆锥曲线点 P 所在的一支中被直径所截的“上半部分”,对直径上的一点 Q,那组弦中在点 Q 被平分的一条交曲线于 R,PQ 被称为 R 的横标(abscissa),QR 被称为 R 的纵标(ordinate)。在点 P 存在垂直于横边的线段 PL,称为纵边(latus rectum)。阿波罗尼奥斯证明了在给定直径的情况下,横边和纵边共同决定了这条圆锥曲线,并将这一过程称为纵边(和横边)作用于直径([5])。笛卡儿在本书中利用了阿波罗尼奥斯的构造,但术语表述有时不同。在笛卡儿的表述中,“线段 LC 作用于直径 IL 上”有时指的是“LC 是直(转下页)

则圆锥曲线为抛物线；若其前符号为 ＋，则为双曲线；若其前符号为 －，则为椭圆。仅当 a^2m 等于 pz^2 且角 ILC 为直角时例外，此时我们得到的是圆而非椭圆。

当圆锥曲线为抛物线时，其纵边等于 $\dfrac{oz}{a}$，其直径[28]仍然位于直线 IL 上。要求其顶点 N，需作 IN 等于 $\dfrac{am^2}{oz}$。若表达式中的项为 $+m^2+ox$，则点 I 位于点 L 和点 N 之间；若为 $+m^2-ox$，则点 L 位于点 I 和点 N 之间；若为 $-m^2+ox$，则点 N 位于点 I 和点 L 之间。但是，正如其所定义，m^2 总不为负。最后，若 m^2 等于零，则点 N 与点 I 重合。因此，根据阿波罗尼奥斯著作第一卷中的第一个问题，很容易确定这条抛物线。[29]

但是，当所求轨迹为圆、椭圆或双曲线时，则须首先找到点 M，即轨迹的中心，其始终位于直线 IL 上，可以通过 IM 等于 $\dfrac{aom}{2pz}$ 找到。若 o 等于零，则轨迹的中心与 I 重合。若所求轨迹为圆或椭圆，当 ox 项为 ＋，则点 M 与点 L 必位于点 I 同侧；而当 ox 项为 －，则点 M 和点 L 必位于点 I 异侧。若所求轨迹为双曲线，则正相反，若 ox 项为 －，则点 M 和点 L 必位于点 I 同侧；若 ox 项为 ＋，则点 M 与点 L 必位于点 I 异侧。

当 m^2 的符号为 ＋ 且所求轨迹是圆或椭圆时，或当 m^2 的符号为 － 且所求轨迹为双曲线时，轨迹的纵边为

$$\sqrt{\frac{o^2z^2}{a^2}+\frac{4mpz^2}{a^2}}\,。$$

（接上页）径 IL 上 L 点的纵标"或仅仅用来表明直径 IL 平分的是 LC 方向的那组平行的弦。（译注）

28　从上下文看，此处默认 LC 作用于 IL 上。（译注）

29　阿波罗尼奥斯，《圆锥曲线论》卷Ⅰ，［Proposition］52［Problem］。（译注）

当 m^2 的符号为 — 且所求轨迹为圆或椭圆时,或当 m^2 的符号为 +,所求轨迹为双曲线且 o^2 大于 $4mp$ 时,轨迹的纵边为

$$\sqrt{\frac{o^2z^2}{a^2} - \frac{4mpz^2}{a^2}}。$$

但若 m^2 等于零,则纵边为 $\frac{oz}{a}$;若 oz 等于零,则纵边为

$$\sqrt{\frac{4mpz^2}{a^2}}。$$

为求出相应的横边,则须找到一条线段,其与纵边的比为 $\frac{a^2m}{pz^2}$,也即是说,若纵边为 $\sqrt{\frac{o^2z^2}{a^2} + \frac{4mpz^2}{a^2}}$,则横边应为

$$\sqrt{\frac{a^2o^2m^2}{p^2z^2} + \frac{4a^2m^3}{pz^2}}。$$

无论在哪种情况下,该圆锥曲线的直径都位于直线 IM 上,而 LC 作用于其上。因此,取线段 MN,使 MN 等于横边的一半,并使点 N 和点 L 位于点 M 同侧,点 N 为该直径的顶点。然后,根据阿波罗尼奥斯著作第一卷中的第二和第三个问题,很容易确定这条曲线。[30]

当所求轨迹为双曲线,且 m^2 的符号为 + 时,若 o^2 等于零或小于 $4pm$,则须从中心点 M 出发作直线 MOP 平行于 LC(图 10),作 CP 平行于 LM,并使线段 MO 等于

$$\sqrt{m^2 - \frac{o^2m}{4p}}。$$

30　阿波罗尼奥斯,《圆锥曲线论》卷Ⅰ,[Proposition] 54 – 57 [Problem]。(译注)

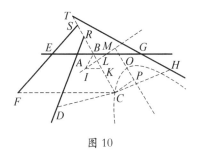

图 10

若 ox 等于零,则须使 MO 等于 m。然后,将点 O 设为双曲线的顶点,直径为 OP,CP 作用于 OP 之上,则该双曲线的纵边为

$$\sqrt{\frac{4a^4m^4}{p^2z^4} - \frac{a^4o^2m^3}{p^3z^4}},$$

横边为

$$\sqrt{4m^2 - \frac{o^2m}{p}}。$$

仅当 ox 等于零时例外,此时,纵边为 $\frac{2a^2m^2}{pz^2}$,横边为 $2m$。根据阿波罗尼奥斯著作第一卷中的第三个问题很容易确定这条曲线。[31]

对以上解释的证明

很容易对以上解释进行证明。我在上文给出了纵边、横边、直径 NL 或 OP 上的线段长度,结合阿波罗尼奥斯著作第一卷中的定理 11、12 和 13,我们可以用它们来组成用于表达 CP 的平方或 CL 的平方的项,CP 和 CL 分别作用于相应的直径上。[32]

31　阿波罗尼奥斯,《圆锥曲线论》卷 I,[Proposition] 54 [Problem]。(译注)

32　使用前注中的记号。　　　　　　　　　　　(转下页)

例如,从 $NM\left(\dfrac{am}{2pz}\sqrt{o^2+4mp}\right)$ 中减去 $IM\left(\dfrac{aom}{2pz}\right)$,得到 IN;在 IN

(接上页)在给定直径、横边和纵边后,阿波罗尼奥斯用以下方法确定圆锥曲线。

· 抛物线:方程为

$$QR^2 = PQ \cdot PL。$$

即:纵标的平方等于横标乘纵边。从图上看,即以 QR 为边长的正方形面积等于以 PQ 和 PL 为边长的矩形面积。

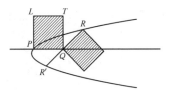

· 双曲线:如下图,

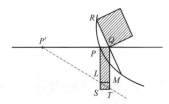

过 Q 点作平行于 PL 的直线,与 $P'L$ 所在的直线交于 T 点,则双曲线由方程

$$QR^2 = PQ \cdot QT$$

决定。即纵标的平方等于横标乘 QT,而 QT 可以由横边和纵边给出。

· 椭圆:如下图,

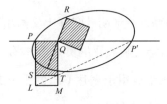

过 Q 点作平行与 PL 的直线,与 $P'L$ 交于 T 点,则椭圆由方程

$$QR^2 = PQ \cdot QT$$

决定。同样,QT 可由横边和纵边给出。(译注)

上添加 $IL\left(\dfrac{a}{z}x\right)$，得到 NL，

$$NL = \frac{a}{z}x - \frac{aom}{2pz} + \frac{am}{2pz}\sqrt{o^2 + 4mp}\ 。$$

再乘该曲线的纵边 $\dfrac{z}{a}\sqrt{o^2 + 4mp}$，得到

$$x\sqrt{o^2 + 4mp} - \frac{om}{2p}\sqrt{o^2 + 4mp} + \frac{mo^2}{2p} + 2m^2\ 。$$

需从该乘积中减去一个部分[33]，该部分与 NL 平方的比，等于纵边与横边的比。NL 的平方为

$$\frac{a^2}{2^2}x^2 - \frac{a^2om}{pz^2}x + \frac{a^2m}{pz^2}x\sqrt{o^2 + 4mp}$$

$$+ \frac{a^2o^2m^2}{2p^2z^2} + \frac{a^2m^3}{pz^2} - \frac{a^2om^2}{2p^2z^2}\sqrt{o^2 + 4mp}\ 。$$

将这个式子除以 a^2m，然后乘 pz^2。因为 a^2m 和 pz^2 这两项表示的是横边和纵边之比，由此得到

$$\frac{p}{m}x^2 - ox + x\sqrt{o^2 + 4mp} + \frac{o^2m}{2p} - \frac{om}{2p}\sqrt{o^2 + 4mp} + m^2\ 。$$

从上面得到的乘积中减去这个量，我们得到 CL 的平方等于

$$m^2 + ox - \frac{p}{m}x^2\ ，$$

其中 CL 是作用于椭圆或圆的直径 NL 的线段。

　　若用数值表示所有给定的量，例如 $EA = 3$、$AG = 5$、$AB = BR$、$BS =$

─────────────

[33] 这里笛卡儿考虑的是椭圆的情况，减去的这部分即是上面注 32 图中的矩形 $SLMT$。若是双曲线的情况，则需要加上这一部分。（译注）

$\frac{1}{2}BE$、$GB=BT$、$CD=\frac{3}{2}CR$、$CF=2CS$、$CH=\frac{2}{3}CT$、角 $ABR=60°$、CB

乘 CF 等于 CD 乘 CH（因为必须如此，问题才算完全给定了），在此基础

上设 $AB=x$、$CB=y$，通过上述方法，我们得到

$$y^2 = 2y - xy + 5x - x^2,$$

$$y = 1 - \frac{1}{2}x + \sqrt{1 + 4x - \frac{3}{4}x^2}。$$

此时 BK 须等于 1，KL 须等于 KI 的一半；由于角 $IKL =$ 角 $ABR = 60°$，

角 KIL（即角 KIB 的一半或角 IKL 的一半）$= 30°$，因此角 ILK 为直

角。由于 IK 或 $AB = x$，$KL = \frac{1}{2}x$，$IL = x\sqrt{\frac{3}{4}}$，且上述用 z 表示的量

是 1，用 a 表示的量是 $\sqrt{\frac{3}{4}}$，用 m 表示的量是 1，用 o 表示的量是 4，用 p

表示的量是 $\frac{3}{4}$，由此得到 $IM = \sqrt{\frac{16}{3}}$，$NM = \sqrt{\frac{19}{3}}$；由于 a^2m 等于 $\frac{3}{4}$，且

a^2m 在此等于 pz^2，而角 ILC 为直角，我们得出曲线 NC 为圆。其他情

况依此方法也很容易分析。

有哪些"平面"和"立体"轨迹及如何将它们全部找出

由于上面的解释包含了所有不高于二次的方程，因此不仅全部解答了

古人的三条和四条给定直线的问题，而且还解答了一切他们所说的"立体"

轨迹的作图问题。"平面"轨迹包含在"立体"轨迹中，因此"平面"轨迹的作

图问题也就得到了解答，因为这些轨迹就是要找到某个点，这个点尚缺一

个条件而不能完全确定。就像在例子中那样，同一条线上所有的点都可被

看作所求的点：若这条线是直线或圆，则我们称之为"平面"轨迹；但若是抛

物线、双曲线或椭圆，则我们称之为"立体"轨迹。在每一种情况下，都可得到一个包含两个未知量的方程，与我上文得到的方程类似。若该点的轨迹比圆锥曲线次数高，则可用同样的方法称之为"超立体"轨迹，其他情况，依此类推。若确定该点尚缺两个条件，则该点的轨迹为面，可以是平面、球面或复杂曲面。但古人在这个问题上的最高目标是绘制"立体"轨迹，阿波罗尼奥斯关于圆锥曲线的所有论述似乎都是为了解答"立体"轨迹问题。

此外，我所说的第一类曲线除圆、抛物线、双曲线和椭圆之外，不包含其他任何曲线。上述就是我要证明的全部内容。

古人的五条给定直线问题中第一条即最简单的曲线是什么

古人提出的问题中，若五条直线全部相互平行，则显然所求点总是位于一条直线上[34]。若五条给定直线中的四条相互平行，第五条与它们垂直相交，要求从所求点引出的线段也与它们垂直相交，并且，向三条给

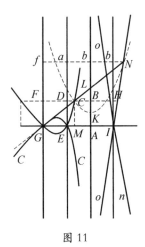

图 11

定的平行直线所引的三条线段组成"平行六面体"，向第四条平行直线所引的线段、向垂直于其余直线的第五条直线所引的线段和给定的线段也组成"平行六面体"，这两个"平行六面体"相等。这种情况大约是五线问题中可想象的最简单情形了，所求的点位于由抛物线按如下方式运动产生的曲线上。

例如，AB、IH、ED、GF 和 GA 为给定直线，所求点为 C，使过点 C 的直线 CB、CF、CD、CH 和 CM 分别垂直于给定直线时，CF、CD 和 CH 组成的"平行六面体"等于 CB、CM 及 AI 组成的"平行六面体"。设 $CB=y$，$CM=x$，$AI=AE=GE=a$[35]；因此，当点 C 位于直线 AB 和直线 DE 之间时，$CF=2a-y$、$CD=a-y$、$CH=y+a$。将三者相乘，得到 $y^3-2ay^2-a^2y+2a^3$，与 CB、CM、AI 三者的乘积 axy 相等。接下来，考虑曲线 CEG，它是抛物线 CKN 与直尺 GL 的交点形成的轨迹。抛物线 CKN 按如下方式移动：其直径 KL 总是位于直线 AB 上。直尺 GL 绕点 G 作如下方式旋转：它总在点 L 处经过抛物线 CKN 所在平面[36]。令 $KL=a$，主纵边（即当抛物线的轴作为直径时对应的纵边）也等于 a，$GA=2a$，CB 或 $MA=y$，CM 或 $AB=x$。由于三角形 GMC 和 CBL 相似，GM（或 $2a-y$）比 MC（或 x）等于 CB（或 y）比 BL，因此 BL

35　即在给定了直线位置后，笛卡儿还进一步假设了四条平行直线的间距相等来简化问题。需要特别指出的是，即便给定了五条直线的位置，帕普斯问题仍然依赖于不同的"平行六面体"的选取，笛卡儿将另一种情况放在了后面讨论，但似乎并未穷尽所有情况。（译注）

36　原文如此。从上下文看，笛卡儿在这里考虑以直线 AK 为轴的抛物线 CKN，并考虑其在 AK 上的直径和对应的纵边。固定 KL 的长度为 a 等于纵边，令抛物线 CKN 随 KL 在直线 AK 上滑动，从而考虑直线 GL 和抛物线 CKN 交点的轨迹。但是笛卡儿理解的并不是抛物线本身沿 AK 移动，而是想象抛物线画在另一个透明平面上，将此平面叠加在 AK 所在的平面上，使得抛物线的轴与 AK 重叠，并且在点 L 处与可运动的直尺 GL 连接，然后上下移动该平面。笛卡儿这样处理应该是为了使作图具有可操作性。同样的做法在第三章表述得更加清楚。（译注）

等于 $\dfrac{xy}{2a-y}$。由于 $KL=a$，则 $BK=a-\dfrac{xy}{2a-y}$ 或 $\dfrac{2a^2-ay-xy}{2a-y}$。最后，由于 BK 同时也是抛物线直径上的线段，因此 BK 比 BC（BC 作用于 BK）等于 BC 比 a（纵边）[37]，我们由此得到 $y^3-2ay^2-a^2y+2a^3=axy$，所以 C 即为所求的点。C 可以是曲线 CEG 或其上的任何一点，曲线 $cEGc$ 的描述方式与曲线 CEG 相同，但曲线 $cEGc$ 的顶点在相反方向[38]；点 C 也可以位于曲线 CEG 或其伴随曲线 $cEGc$ 的对应分支 NIo 和 nIO 上，NIo 和 nIO 是由直线 GL 与抛物线 KN 的另一半相交而成的。[39]

　　同样，假设给定的平行线 AB、IH、ED 和 GF 彼此间距不等，GA 不与它们垂直相交，且从点 C 引出的线段不与给定直线垂直相交。这种情况下，点 C 形成的曲线仍然总与以上曲线性质相同。甚至当给定直线中没有哪两条是相互平行时，点 C 形成的曲线也可能与以上曲线性质相同。

　　但如果四条给定直线相互平行，第五条给定直线与它们相交，从所

37　注意到 K 为抛物线 CKN 的顶点，在直径 KL 上，BK 为 B 的横标，BC 为纵标，因此有

$$BC \cdot BC = a \cdot BK,$$

即 $BK:BC=BC:a$。于是此处笛卡儿用几何的方式再一次得到了方程

$$y^3-2ay^2-a^2y+2a^3 = axy。$$

这条曲线有时被称为卡氏抛物线（Cartesian Parabola），虽然其并非一条抛物线。（译注）

38　这里指的是和曲线 CEG 关于直线 AI 对称的曲线。事实上，若 C 是满足问题条件的一个点，那么 C 关于直线 AI 的对称点也满足问题的条件，所以考虑和抛物线 CKN 关于 AI 对称的抛物线，同样的构造可以得到这条曲线 $cEGc$。（译注）

39　这里所指的是直线 GL 与抛物线 CKN 在抛物线对称轴 AK 右侧相交的点的轨迹。事实上，它是方程

$$y^3-2ay^2-a^2y+2a^3 = axy$$

所定义的曲线的另一个条分支。（译注）

求点向给定直线引线段,所引出的线段中,引向第五条给定直线的线段和引向相互平行的两条给定直线的线段组成"平行六面体",引向另两条相互平行的给定直线的线段与给定直线中的另一条也组成"平行六面体",要求这两个"平行六面体"相等。此种情况下,所求点位于另一种性质的曲线上,该曲线具有如下特征:若该曲线的点对于其直径的纵标和一条圆锥曲线上的点对于其直径的纵标相等,则这条曲线上的点的横标和某条确定线段的比等于该线段和曲线上的点对应的圆锥曲线上的点的横标的比。[40]我不能说这条曲线不如前一条简单;但我认为还是应当将前一条作为第一条曲线,因为其描述及方程都更容易。

其他情况中出现的曲线,我不再分类,因为我并不打算将之罗列完全;我解释了怎样找到所求曲线经过的无限多点,所以,我想我已说清楚了描述这些曲线的方法。

通过确定曲线上的若干点来描述的曲线中哪些可归入几何曲线

值得注意的是,通过确定若干点来绘制曲线的方法,与绘制螺旋线及类似曲线的方法有很大差异。在绘制螺旋线及类似曲线时,并非所有点都能以相同方式确定,某些点的确定方法比作出整条曲线所需的方法简单,只有这样的点才能被确定。因此,确切地说,我们无法确定任何一点,或者说,该曲线特有的任何一点,即任何一个只由该曲线本身来确定的点,我们都无法确定。而在上文涉及的问题中,没有任何一个点不能用刚才解释的方法确定。这种描述曲线的方法,即不加区分地确定曲线

---

40 这一段描述比较费解,笛卡儿并未给出这条关键的圆锥曲线。一个可能的构造参考[2]第 316 页注 21。另外,这一段也没有说明如何用和上个例子类似的几何方法来构造这条曲线。一个粗略的介绍见[3]第 78 至 90 页。(译注)

上的点的方法,适用于那些可由规则、持续运动形成的曲线,这一方法不应在几何学中被完全弃用。[41]

用绳绘制的曲线中哪些可归入几何曲线

从所求曲线上每一点向其他点引直线,或者从所求曲线上每一点引直线与其他直线成某角度,使用细线或绳环确定所引直线中的两条或多条是否相等,我们在《折光学》中解释椭圆和双曲线时就是这样做的[42]。这种方法也不应被弃用。几何学中不应包括任何像绳子一样时曲时直的线,因为直线部分和曲线部分的比例未知,且我认为非人力所能知,所以我们得不出任何精确、可靠的结论。然而,我们在某些作图中使用绳子,是为了确定我们已知其长度的直线,这一做法不应被排除。[43]

---

41 笛卡儿在这里所说的"都能以相同方式确定"应该指的是他的由一个点的连续运动带动作图工具作出轨迹的过程。笛卡儿所说的"通过确定若干点来绘制曲线",应该是强调在利用他的作图工具在逐点作图的同时能够作出这些点的轨迹。这是笛卡儿的方法和古代数学家对一些特殊曲线的逐点作图的根本区别,对于后者,"可以构造出曲线上的无数个点,却无法构造任意两点间的那段曲线"(Kepler,参见[1]§11.4)。笛卡儿认为这是因为古人逐点构造所得到的点并不是那些曲线的本质所决定的点。事实上,在本章的第一节中,笛卡儿已经指出了这些曲线本质上需要两组点独立运动才可能构造。(译注)

42 笛卡儿的《方法谈》于1637年出版,书中包括3个附录,即《几何学》《折光学》和《气象学》,笛卡儿以这三个附录来说明如何应用他的"方法"。在《折光学》中,笛卡儿用到两个焦点距离之和(差)为给定线段来描述椭圆(双曲线)。(译注)

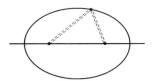

43 笛卡儿必须排除部分使用绳子或细线的构造的一个原因是,若允许任意地使用绳子,则可以构造如螺旋线或割圆曲线之类笛卡儿认定的"非几何"曲线。(译注)

要确定曲线的所有性质,只要知道其上的点与直线上的点之间
的关系;如何从各点引线段与曲线垂直相交

　　当一条曲线上所有点与一条直线上所有点之间的关系已知,按照我
已解释的方法,很容易找到该曲线上的点与其他任意点或给定直线的关
系,并从这些关系中得出直径、轴、中心及其他对每条曲线而言最特殊、
最简单的线或点,从而想出各种描述曲线的方法,并从中选择最简便的。
在由这些曲线组成的空间中,我们甚至还可由此确定几乎全部可确定的
量。对此我无需作进一步解释。最后,曲线的所有其他属性仅取决于这
些曲线与其他直线所成角度的大小。但是,两条曲线相交而成的角可以
像两条直线相交而成的角一样容易测量,前提是可以在欲求曲线相交角
度的交点处作出与曲线垂直相交,或与它们的切线相交的直线。我认为
(我)已完成与曲线相关的所有问题,因为(下面)我给出了过曲线上任一
点作与曲线垂直相交的直线的一般方法。我敢说,这不仅是我所知道的
最有用、最普遍的问题,也是在几何学中我一直想要弄清楚的问题。[44]

求与已知曲线或其切线垂直相交的直线的一般方法

　　设 CE 是给定的曲线,要经点 C 画一条与曲线 CE 垂直的直线。我
假设问题已得解,所求直线 $e=CP$(图 12),我把直线 CP 延长至点 P,使

44　从这一段表述看,笛卡儿认为曲线的所有性质决定于 1,曲线上的点与其他点或曲线
　　的位置(距离)关系;和 2,曲线与其他曲线的角度关系。对于“几何的”曲线,笛卡儿认
　　为用代数的方法可以完全确定前者,而后者又可归结为在曲线的任意一点上作切线
　　的问题。笛卡儿在此处声称已经解决了这个问题,并在接下去的几个小节中进行了
　　阐述。(译注)

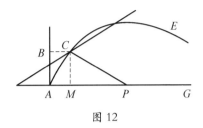

图 12

得 CP 与直线 GA 相交于点 P，直线 GA 即是其上的点与曲线 CE 上的点相关的那条直线[45]。令 MA 或 $CB=y$、CM 或 $BA=x$，我可以得到一个方程来表示 x 和 y 之间的关系。然后，我令 $PC=s$、$PA=v$，得出 $PM=v-y$。由 PMC 是直角三角形，可知斜边的平方 s^2 等于两直角边的平方和 $x^2+v^2-2vy+y^2$。由此得到 $x=\sqrt{s^2-v^2+2vy-y^2}$ 或 $y=v+\sqrt{s^2-x^2}$。

通过这个方程，我可以从描述曲线 CE 上的点与直线 GA 上的点之间关系的方程中消去两个未知量 x 和 y 中的一个。这很容易做到，若要消除 x，则用 $\sqrt{s^2-v^2+2vy-y^2}$ 代替 x，用这个表达式的平方代替 x^2，用这个表达式的立方代替 x^3，依此类推。若要消除 y，则用 $v+\sqrt{s^2-x^2}$ 代替 y，用这个表达式的平方代替 y^2，用这个表达式的立方代替 y^3，依此类推。得到的都是只有一个未知量 x 或 y 的方程。

以第二类曲线中的椭圆或抛物线运算举例

例如，若 CE 为椭圆，MA 是其直径上的线段，CM 作用于 MA，r 是它的纵边，q 是它的横边，那么根据阿波罗尼奥斯著作第一卷中的定理 13，我们得到

45　见"对曲线分类并得出曲线上所有点与直线上所有点之间关系的方法"一节。（译注）

$$x^2 = ry - \frac{r}{q}y^2 \text{。} \quad {}^{46}$$

消去 x^2，得到的方程是

$$s^2 - v^2 + 2vy - y^2 = ry - \frac{r}{q}y^2,$$

或

$$y^2 + \frac{qry - 2qvy + qv^2 - qs^2}{q - r} = 0 \text{。}$$

因为此处最好是将这个方程看作一个整体，而不是看成一个部分等于另一个部分。

若 CE 是抛物线按照上文解释过的方式（见"对曲线分类并得出曲线上所有点与直线上所有点之间关系的方法"）运动产生的曲线[47]，令 $GA = b$、$KL = c$、抛物线的直径 KL 的纵边用 d 表示（图 13），则表示 x 和 y 之间关系的方程是

$$y^3 - by^2 - cdy + bcd + dxy = 0 \text{。}$$

46　见注 32。在这里，笛卡儿事实上假设 MA 是作为主轴的直径，而 MC 与其垂直。（译注）

47　这里指的是"对曲线分类并得出曲线上所有点与直线上所有点之间关系的方法"的构造中将曲尺 NKL 换成抛物线，所得到将是一条"第二类"曲线。具体地，如上图，抛物线形曲尺 NKL 直边 KL 沿 KA 上下移动，$KL = c$。抛物线 KN 以 KA 为主轴，纵边为 d，直杆 GL 绕点 G 转动，总与 KL 在点 L 接触，所得的曲线即是 KL 与抛物线 KN 的交点 C 的轨迹。设 $BC = y$，$CM = x$，则 y 是点 C 在抛物线 KN 上的纵标，$c + BL$ 为其横标，于是

$$y^2 = (c + BL)d \text{。}$$

另一方面，$\dfrac{BL}{y} = \dfrac{x}{b - y}$。结合两者，即得到此处 x 与 y 之间的关系方程。（译注）

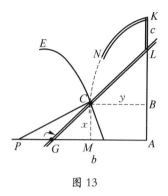

图 13

消去 x，我们得到

$$y^3 - by^2 - cdy + bcd + dy\sqrt{s^2 - v^2 + 2vy - y^2} = 0。$$

根据 y 的乘方来排列这些项，就变为

$$y^6 - 2by^5 + (b^2 - 2cd + d^2)y^4 + (4bcd - 2d^2v)y^3$$

$$+ (c^2d^2 - d^2s^2 + d^2v^2 - 2b^2cd)y^2 - 2bc^2d^2y + b^2c^2d^2 = 0。$$

其他情况，依此类推。

第二类曲线中椭圆的其他例子

若曲线上的点并不按我上文所说的方式与一条直线上的点相关，而是以其他方式相关，我们依然能够得出表达这种关联方式的方程。

设 CE 为按这种方式与点 F、G 和 A 关联的曲线（图 14）：从 CE 上的任一点，比如点 C 出发，作到点 F 的线段，使 CF 的长度超过 FA 的长度，再从点 C 出发，作到点 G 的线段，使 GA 的长度超过 GC 的长度。令 CF 超过 FA 的量与 GA 超过 GC 的量成一个给定的比。令 $GA = b$、$AF = c$，在 CE 上任取一点 C，使 CF 超过 FA 的量与 GA 超过 GC 的量

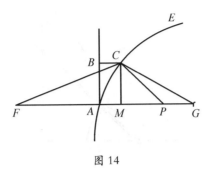

图 14

之比为 $d:e$。若设这个超过的量为 z，则 $FC = c + z$、$GC = b - \dfrac{e}{d}z$。

令 $MA = y$，则 $GM = b - y$、$FM = c + y$。[48] 由于 CMG 为直角三角形，因此从 GC 的平方中减去 GM 的平方，得到 CM 的平方，即

$$\frac{e^2}{d^2}z^2 - \frac{2be}{d}z + 2by - y^2 。$$

再从 FC 的平方中减去 FM 的平方，得到用另一种方法表示的 CM 的平方，即

$$z^2 + 2cz - 2cy - y^2 。$$

这两个表达式相等，由此得出 y 或 MA 的值，即

$$\frac{d^2z^2 + 2cd^2z - e^2z^2 + 2bdez}{2bd^2 + 2cd^2} 。$$

在 CM 平方的表达式中用该式代替 y，我们得到

$$CM^2 = \frac{bd^2z^2 + ce^2z^2 + 2bcd^2z - 2bcdez}{bd^2 + cd^2} - y^2 。$$

48　从这里的表述看，笛卡儿假设 F、A、G 三点在同一直线上。容易看到，若曲线 CE 和线段 FG 相交，则交点为 A。事实上，曲线 CE 是一条卵形线，读者可将此处的描述作为笛卡儿对卵形线的定义。后文还将用到此定义。（译注）

如果现在假设直线 PC 与曲线垂直相交于点 C，如前一样，令 $PC=s$、$PA=v$，则 $PM=v-y$；由于 PCM 是直角三角形，所以 CM 的平方等于 $s^2-v^2+2vy-y^2$。CM 平方的两个表达式相等，带入 y 的值，我们得到所求方程

$$z^2+\frac{2bcd^2z-2bcdez-2cd^2vz-2bdevz-bd^2s^2}{bd^2+ce^2+e^2v-d^2v}$$

$$+\frac{bd^2v^2-cd^2s^2+cd^2v^2}{bd^2+ce^2+e^2v-d^2v}=0。$$

这个方程不是用来确定 x、y 或 z 的值的，因为点 C 是给定的，所以 x、y 或 z 的值已给定。它用来确定 v 或 s 的值，而所求点 P 即是由 v 或 s 决定的。鉴于此，请注意，若 P 为所求点，则以 P 为圆心并经过点 C 的圆将在点 C 处与曲线 CE 相切但不相交。[49] 但是，若点 P 离开其应在的位置，使得其到点 A 的距离比原距离增大或减小，则该圆不仅在点 C 并且还在另外一点与曲线相交。[50]

现在，若这个圆与曲线 CE 相交（图 15），则以 x 和 y 为未知量的方程（设若 PA 和 PC 已知）必有两个不相等的根。例如，假设圆在点 C 和点 E 与曲线相交，作 EQ 平行于 CM，可用未知量 x 和 y 表示 EQ 和 QA（如它们刚才表示 CM 和 MA 一样）；由于 PE 和 PC 是同一圆的半径，PE 等于 PC，因此如果要求 EQ 和 QA（设 PE 和 PA 给定），我们得到的

49　到这里，笛卡儿关于构造切线（或笛卡儿的语境下和曲线在点 C 垂直的直线，即法线）的基本想法已现端倪，即先作与曲线在点 C 相切的圆，该圆过点 C 的直径即为所求法线。显然，笛卡儿将圆与曲线相切定义为圆与曲线仅有唯一的交点。该想法的背景是：1. 在《几何原本》中，欧几里得已经证明了过圆上某一点的切线与圆上过这一点的直径垂直；2. 与现代数学不同，古希腊数学将直线与曲线在一点相切定义为，在交点的充分小的邻域中，曲线只位于直线的一侧。（译注）

50　此处笛卡儿应该是限定了点 P 在直线 AG 上运动，这样也同时限定了点 C 不能在直线 AG 上。（译注）

方程与求 CM 和 MA（设 PC 和 PA 给定）时所得方程相同。因此，在这个方程中，x 或 y 或任何其他这种量的值将成对出现，即是说，方程将有两个不相等的根：若求 x 的值，则两根分别为 CM 和 EQ；若求 y 的值，则两根分别为 MA 和 QA。的确，如果 E 与 C 不在曲线的同一侧，那么两根中只有一个是真根，另一个则在相反方向上，或者小于零。[51]
点 C 和点 E 的距离越近，则两根之差就越小；当点 C 和点 E 重合时，两根相等，也就是说，通过点 C 的这个圆将在点 C 处与曲线 CE 相切而不相交。

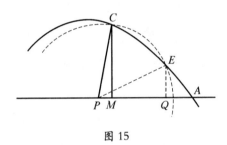

图 15

此外，需要指出的是，当一个方程有两个等根时，该方程必具有如下形式：即令未知量减去其（所设给定）的已知量，（所得的差）再自乘。若所得方程的次数低于我们上文得到的方程，可用另一个式子去乘它，低多少次就用多少次的式子去乘，最终使左右两侧的每一项一一相等。[52]

例如，以上讨论得到的第一个方程，即

---

51 此处指的是 E 和 C 是否位于直线 AP 的同一侧。注意到直线 AP 即是与曲线 CE 存在对应关系的直线，笛卡儿将曲线按此直线分为两侧。（译注）

52 此处的意思是：C 作为曲线 CE 上的点，其位置由一个关于 y 的代数方程确定。现在 C 的位置给定，则 y 应该等于给定值，设 y_0，那么这个关于 y 的代数方程有 $y = y_0$ 的重根，它必然有形式为 $(y - y_0)^2$ 的因子。笛卡儿在这里给出了其求切线方法的第二个要点，即将曲线和圆只有唯一一交点这个几何描述转化为代数方程在给定点有重根这一代数描述，后者给出了额外的代数关系从而能确定方程的系数（在这里，这些系数由点 P 的参数给出）。（译注）

$$y^2 + \frac{qry - 2qvy + qv^2 - qs^2}{q-r} = 0,$$

令 $e = y$，$y - e$ 乘它自身，得到 $y^2 - 2ey + e^2$。然后，我们可逐项比较这两个表达式：由于第一项 y^2 在两个式子中是相同的，第二项 $\frac{qry - 2qvy}{q-r}$ 等于 $-2ey$，由此求解 v 或 PA，得到 $v = e - \frac{r}{q}e + \frac{1}{2}r$；或者，由我们假设 e 等于 y，得到 $v = y - \frac{r}{q}y + \frac{1}{2}r$。同样，我们可由左右两侧各自的第三项相等，得到 $e^2 = \frac{qv^2 - qs^2}{q-r}$ 来求 s，但由于 v 完全确定了点 P，而 P 是我们唯一要求的点，因此没有必要进一步讨论了。

同样，上文求得的第二个方程，即

$$y^6 - 2by^5 + (b^2 - 2cd + d^2)y^4 + (4bcd - 2d^2v)y^3$$
$$+ (c^2d^2 - 2b^2cd + d^2v^2 - d^2s^2)y^2 - 2bc^2d^2y + b^2c^2d^2,$$

其形式必须与 $y^4 + fy^3 + g^2y^2 + h^3y + k^4$ 乘 $y^2 - 2ey + e^2$ 所得的式子

$$y^6 + (f - 2e)y^5 + (g^2 - 2ef + e^2)y^4 + (h^3 - 2eg^2 + e^2f)y^3$$
$$+ (k^4 - 2eh^3 + e^2g^2)y^2 + (e^2h^3 - 2ek^4)y + e^2k^4$$

相同。由这两个方程，可得到六个方程，以确定六个量 f、g、h、k、v 和 s。

很容易看出，不论曲线属于哪一类，无论需要假设多少个未知量，用这种方法总能得到与未知量数目一样多的方程。为了逐一求解这些方程，并最终找到 v（v 才是我们唯一真正要找的值，其他的值只是在求 v 的过程中所得），我们首先由第二项确定 f，f 是上述表达式中的第一个未知量，我们得到 $f = 2e - 2b$。然后，由最后一项确定 k，k 是最后一个未知量，我们得到 $k^4 = \frac{b^2c^2d^2}{e^2}$。然后，由第三项得到第二个未知量 g，

$$g^2 = 3e^2 - 4be - 2cd + b^2 + d^2 \text{。}$$

由倒数第二项，我们得到倒数第二个未知量 h，即

$$h^3 = \frac{2b^2c^2d^2}{e^3} - \frac{2bc^2d^2}{e^2} \text{。}$$

若还有未知量，则依此顺序进行，直到求出全部未知量。然后，由下一项（这里是第四项）我们可以得到 v，

$$v = \frac{2e^3}{d^2} - \frac{3be^2}{d^2} + \frac{b^2e}{d^2} - \frac{2ce}{d} + e + \frac{2bc}{d} + \frac{bc^2}{e^2} - \frac{b^2c^2}{e^3} \text{。}$$

或者用 y 表示 e，我们得到 AP 的长度

$$v = \frac{2y^3}{d^2} - \frac{3by^2}{d^2} + \frac{b^2y}{d^2} - \frac{2cy}{d} + y + \frac{2bc}{d} + \frac{bc^2}{y^2} - \frac{b^2c^2}{y^3} \text{。}$$

第三个方程，即

$$z^2 + \frac{2bcd^2z - 2bcdez - 2cd^2vz - 2bdevz - bd^2s^2 + bd^2v^2 - cd^2s^2 + cd^2v^2}{bd^2 + ce^2 + e^2v - d^2v}$$

与 $z^2 - 2fz + f^2$ 形式相同，设 $f = z$，所以 $-2f = -2z =$

$$\frac{2bcd^2 - 2bcde - 2cd^2v - 2bdev}{bd^2 + ce^2 + e^2v - d^2v} \text{。}$$

由此可得 v 的值为

$$\frac{bcd^2 - bcde + bd^2z + ce^2z}{cd^2 + bde - e^2z + d^2z} \text{。}$$

求与已知曲线或其切线垂直相交的直线的一般方法

因此，如果我们取 AP 等于上述的 v 值，v 值的表达式中所有量都已

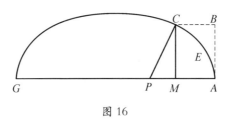

图 16

知,并且,我们由这样确定的点 P 向点 C 引直线,则这条线与曲线 CE 垂直相交,即为所求。我相信对所有可用几何算法求解的曲线,该方法都适用。

要注意的是,上文的式子 $y^4+fy^3+g^2y^2+h^3y+k^4$ 是我们为将方程次数升至所需次数而任取的,其中的 +、- 符号可任意,不会影响 v 或 AP 的值。这点很容易理解。若要让我证明我使用的每一条定理,我就得写一本厚得多的书了,而我无意如此。但我希望借此机会告诉大家,以上例子,即让两个方程具有相同形式,分别比较各项,从而由一个方程得到数个方程,这一方法适用于无数其他问题,它并非我的方法中微不足道的步骤。

有关切线和法线的作图方法,我就不说了,根据我刚才的解释很容易得出,但通常需要些技巧才能使之简便易行。

用蚌线作图举例

例如,CD 是古人所知的第一条蚌线(图 17),设 A 为其极点,BH 为直尺,直线 CE 和直线 DB 经过点 A,其含于曲线 CD 和直线 BH 之间的部分,即线段 CE 和线段 DB 相等[53]。我们要找到直线 CG,它与曲线垂直相交于点 C。若根据上文解释的方法,在直线 BH 上寻找 BH 与 CG

---

53 这里指的是尼科米迪斯(Nicomedes)蚌线,其定义为,曲线上的点到极点 A 的直线段被给定直线 BH 所截的线段长度为给定常数。(译注)

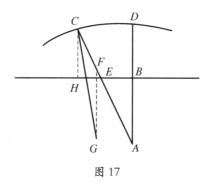

图 17

的交点，则我们的计算步骤将与上文一样长或较之更甚。但是，作图会非常简单：只需在直线 CA 上取 CF 等于 CH，后者垂直于 BH；然后通过 F 作平行于 BA 且等于 EA 的线段 FG，从而得到点 G，而所求直线 CG 必经过点 G。

对用于光学的四类新卵形线的解释

为表明研究这些曲线并非无用，指出它们具有与圆锥曲线同样重要的多种特性，我在此还想就卵形线这一类曲线中的某些卵形线作进一步讨论，您会发现这些卵形线在反射光学和折光学中非常有用。[54]我的解释如下。

---

54 这里的卵形线后来被称为卡氏卵形线（Cartesian Ovals），其定义为到两个定点（焦点）的距离的特定线性组合为给定常数的点的轨迹。笛卡儿在《折光学》中也研究了它们。在下面的讨论中，笛卡儿未经声明地使用了前面图 14 中的定义。两个定义的等价性很容易证明，按图 14 中的记号，

$$\frac{FA - FC}{GC - GA} = \frac{d}{e},$$

则

$$eFC + dGC = eFA + dGA。$$

通过调整 e 和 f 的值以及 FA 和 GA 的位置，可以得到任意一条卡氏卵形线。（译注）

　　首先,作两条直线 FA 和 AR 以任意角度相交于点 A(图 18),我在其中一条直线上任选一点 F,根据我想得到的卵形线的大小确定点 F 与点 A 的距离远近。以 F 为圆心作圆,该圆直径大于 FA,与直线 FA 的交点为点 5。然后,我过点 5 作直线 56,直线 56 与另一条直线相交于点 6,使 $A6$ 小于 $A5$,并使 $A6$ 与 $A5$ 的比值为任意定值。在折光学中使用该比值计算折射率。而后,我在直线 FA 上任取点 G 与点 5 同侧,使 AF 与 GA 的比值为任意定值。接下来,我在直线 $A6$ 上取与 GA 等长的 RA,并以 G 为圆心作半径等于 $R6$ 的圆。此圆将在两个点 1 处与另一个圆相交,所求卵形线中的第一条必经过点 1。接下来,以 F 为圆心作圆,与直线 FA 相交,交点比点 5 更接近或更远离点 A,例如在点 7 处。然后,作与直线 56 平行的直线 78,以 G 为圆心作半径为 $R8$ 的圆,该圆在点 1 处与过点 7 的圆相交,点 1 也是所求卵形线上的点。因此,通过作直线 78 的平行线,并以 F 和 G 为圆心作更多的圆,可以得到要求的更多点。[55]

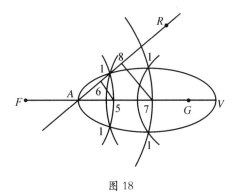

图 18

---

[55]　由这里的构造可以看到,对任何一点 1(以第一个"1"点为例),

$$\frac{F1-FA}{GA-G1} = \frac{F5-FA}{RA-R6} = \frac{A5}{A6},$$

这是一个固定的比值。由前面的注 54,我们知道点 1 的轨迹是一条卡氏卵形线。(译注)

在作第二条卵形线时,唯一的区别是,我们不是取 AR,而是在点 A 的另一侧取 AS(图 19),使 AS 等于 AG,以 G 为圆心所作半径等于 $S6$ 的圆,并与以 F 为圆心过点 5 所作的圆相交;以 G 为圆心所作半径等于 $S8$ 的圆,与过点 7 的圆相交,依此类推。以此方法,这些圆在点 2,2 处相交,点 2,2 是第二条卵形线 $A2X$ 上的点。[56]

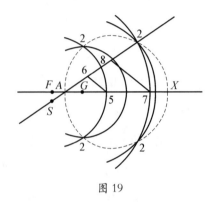

图 19

要作第三和第四条卵形线,不取 AG,而是在点 A 的另一侧取点 H(图 20),即与点 F 在相同的一侧。应当注意,线段 AH 必须大于线段 AF,AF 甚至可以为零。在所有这些卵形线中,当 AF 为零时,F 与 A 重合。然后,取 $AR = AS = AH$。为作出第三条卵形线 $A3Y$,我以 H 为圆心、$S6$ 为半径作圆,该圆与以 F 为圆心且过点 5 的圆相交于点 3,另一个半径等于 $S8$ 的圆与经过点 7 的圆也相交于点 3,依此类推。[57]

---

56   和上一个情况类似,我们有

$$\frac{F2-FA}{G2-GA} = \frac{F5-FA}{S6-SA} = \frac{A5}{A6},$$

这是一个固定的比值。(译注)

57   和前面的情况类似,我们有

$$\frac{F3-FA}{H3-HA} = \frac{F5-FA}{S6-SA} = \frac{A5}{A6},$$

这是一个固定的比值。(译注)

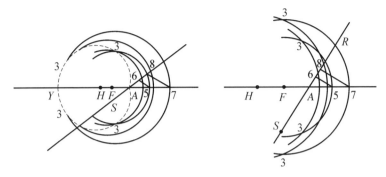

图 20

最后，求第四条卵形线，我以 H 为圆心，以 $R6$、$R8$ 等为半径作圆（图 21），它们与其他圆相交于点 4。[58]

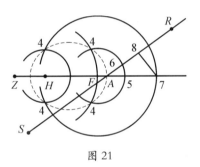

图 21

我们还能找到许多其他方法来作出这几条卵形线。例如，第一条卵形线 AV 可通过以下方法得到：假定 FA 和 AG 相等，在点 L 处将线段 FG 分为两段，使得

$$FL : LG = A5 : A6,$$

即两线段的比等于折射率。然后在 AL 上取点 K，令点 K 平分 AL，将直尺 FE 绕点 F 转动，在点 C 处用手指按住绳 EG，此绳的一端系在直尺

---

58 这里的其他圆指的是以 F 为圆心，过点 5、点 7……的圆。读者可以尝试自己写出第
　　四条卵形线的方程。（译注）

末端点 E 上,在点 C 处折向点 K,然后由点 K 回到点 C,再从点 C 回到点 G,绳的另一端被固定于点 G,使得整条绳长为 $GA+AL+FE-AF$。 与我在《折光学》中描述椭圆和双曲线的方法类似,点 C 的轨迹构成这条卵形线。对此我不再赘述。

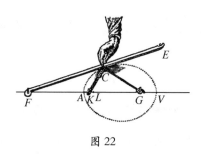

图 22

尽管这些卵形线看起来几乎性质相同,但它们实际上属于四个不同种类,每一类包含无限多的子类,每个子类又像椭圆或双曲线那样可再划分种类。$A5$ 与 $A6$ 的比值不同,则卵形线所属子类不同。然后,若 AF 与 AG 的比值或 AF 与 AH 的比值改变,卵形曲线所属子类也会改变;若 AG 或 AH 的长度改变,卵形线的大小也会改变。若 $A5$ 等于 $A6$,则得到的不是第一类或第三类卵形线,而是直线;不是第二类卵形线,而是所有双曲线;不是最后一类卵形线,而是所有椭圆。[59]

上述卵形线的反射和折射属性

此外,对每条卵形线,都须进一步考虑两个属性不同的部分。

第一部分即朝 A 的部分,由点 F 发出的光线,经凸透镜 $1A1$ 折射

59　即是说,如果 $A5 = A6$,那么如上述构造的第一类和第三类卵形线将退化为直线,第二类卵形线将退化为双曲线,而第四类卵形线将退化为椭圆。由此亦可说明,上述类似构造的四种卵形线事实上具有不同的性质。(译注)

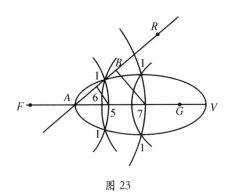

图 23

后,全部汇集于点 G,根据《折光学》可知,该透镜的折射率可由 $A5$ 和 $A6$ 的比得到,我们已借助 $A5$ 和 $A6$ 的比例描述过这条卵形线。[60]

第二部分即朝 V 的部分,由点 G 发出的光线,经凹面镜 $1V1$ 反射后全部汇集于点 F,镜面反射会降低光线强度,降低的幅度取决于 $A5$ 与 $A6$ 之比,因为《折光学》中已证明,此种情况下,各反射角不等,折射角也不等,但可用同法测量。[61]

在第二类卵形线中,当 $2A2$ 这个部分作反射时,可假定各反射角不等,若镜面材质与刚才讨论第一类卵形线时的镜面材质相同,则 $2A2$ 这个部分会反射来自 G 的全部光线,使它们在被反射之后就像都来自点 F 一样。需要注意,若线段 AG 远长于 AF,则镜子的中心朝点 A 方向凹

---

60 详情可见《折光学》第八章。在那里笛卡儿研究了光在平面内经过被光路所在平面所截的截面边界为卵形线的透镜的反射和折射规律。

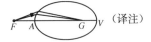
（译注）

61 此处指的是形如卵形线的凹面镜反射。

（译注）

入,镜子的两侧凸出[62]。该曲线的形状就是如此,这样的曲线是心形而不是卵形。该曲线的另一部分,即 $X2$,用于折射,使空气中原本射向点 F 的光线,在经过该透镜折射后折向点 G。

第三类卵形线仅用于折射,使空气中原本射向点 F 的光线,经过 $A3Y3$ 形状的透镜折射后,折向点 H。$A3Y3$ 除朝点 A 处略凹外,其余部分全部凸起,因此该曲线如上一条曲线一样呈心形。此卵形线两个部分的区别在于,一个部分靠近 F 而远离 H,而另一部分靠近 H 而远离 F。[63]

同样,最后一类卵形线只用于反射。所有来自点 H 的光线与一个凹面镜 $A4Z4$ 相遇,这个镜面的材质与以上提及的镜面材质相同,所有来自点 H 的光线经过这个镜面的反射后向点 F 汇聚。仿照《折光学》中命名的椭圆和双曲线的"燃火点",点 F、G 和 H 也可被称为这些卵形线的"燃火点"。[64]

62　如下图:

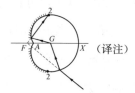

（译注）

63　如下图:

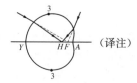

（译注）

64　笛卡儿的原文是"les points brûlants",即在这个点放置物品,该物品可以被经折射或反射而汇聚的光线点燃,我们今天通常称这个点为"焦点"。如下图:

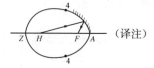

（译注）

以上卵形线的反射与折射属性证明

我没有提到由这些卵形线引起的其他几种反射和折射,因为那只是以上反射和折射的反效应或逆效应,很容易推演。但对于我已说的,我须给出证明。为此,在第一类卵形线的第一部分上任取一点 C(图 24),过点 C 作直线 CP 与该曲线垂直相交于 C,按照前面给出的方法很容易作出直线 CP。令 $AG=b$、$AF=c$、$FC=c+z$,并令 A5 与 A6 的比等于 $d:e$(这一比值即折射率),由此得到

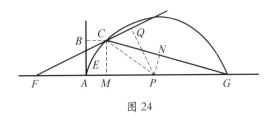

图 24

$$GC=b-\frac{e}{d}z。$$

按照上文的方法(第 48 页)可得线段 AP 等于

$$\frac{bcd^2-bcde+bd^2z+ce^2z}{cd^2+bde-e^2z+d^2z}。$$

从点 P 引直线 PQ,与 FC 垂直相交,引直线 PN 与 GC 垂直相交。若 $PQ:PN=d:e$,或者说,若 $PQ:PN$ 等于计算凸透镜 AC 折射率所用的线段之比,则根据《折光学》的解释即可知,从点 F 到点 C 的光线,经过该凸透镜折射后,射向点 G。最后让我们用计算来看 $PQ:PN$ 是否等于 $d:e$。直角三角形 PQF 与 CMF 相似,因此 $CF:CM=FP:PQ$,所以 $\frac{FP\cdot CM}{CF}=PQ$。同样,直角三角形 PNG 和 CMG 相似,所以 $\frac{GP\cdot CM}{CG}=PN$。

现在,由于比的两项乘或除以同一个数并不改变这个比,如果 $\dfrac{FP \cdot CM}{CF}$:

$\dfrac{GP \cdot CM}{CG} = d : e$,那么将第一个比的每一项除以 CM,再将每一项乘 CF

和 CG,我们就得到 $FP \cdot CG : GP \cdot CF = d : e$。 由图的作法可得 FP

等于

$$c + \frac{bcd^2 - bcde + bd^2 z + ce^2 z}{cd^2 + bde - e^2 z + d^2 z}$$

$$\frac{bcd^2 + c^2 d^2 + bd^2 z + cd^2 z}{cd^2 + bde - e^2 z + d^2 z}。$$

因为 $CG = b - \dfrac{c}{d} z$,所以

$$FP \cdot CG = \frac{b^2 cd^2 + bc^2 d^2 + b^2 d^2 z + bcd^2 z - bcdez - c^2 dez - bdez^2 - cdez^2}{cd^2 + bde - e^2 z + d^2 z}。$$

可得 GP 等于

$$b - \frac{bcd^2 - bcde + bd^2 z + ce^2 z}{cd^2 + bde - e^2 z + d^2 z}$$

$$\frac{b^2 de + bcde - be^2 z - ce^2 z}{cd^2 + bde - e^2 z + d^2 z}。$$

因为 $CF = c + z$,所以

$$GP \cdot CF = \frac{b^2 cde + bc^2 de + b^2 dez + bcdez - bce^2 z - c^2 e^2 z - be^2 z^2 - ce^2 z^2}{cd^2 + bde - e^2 z + d^2 z}。$$

上述第一个乘积除以 d,等于第二个乘积除以 e,显然,FP 与 CG 的乘积和 GP 与 CF 的乘积的比等于 d 和 e 的比,也即是说,$PQ : PN = FP \cdot CG : GP \cdot CF = d : e$,这就是所要证明的全部内容。此证明只需改变正

负号，便可用于解释这些卵形线的其他折射或反射属性，所以，每个人都可轻松地对之自行研究，无需我进一步讨论。

现在我要对自己在《折光学》中的说法作些补充，我发现有多种形式的透镜，从同一点照射过来的光通过它们之后都会汇聚到另一点。在这些透镜中，一侧凸而另一侧凹的比两侧都凸的更易燃火，而两侧都凸的用于望远镜则是最好。考虑到工匠们制作透镜的困难，我只解释那些我认为具有最大实用价值的透镜。所以，为使有关这门科学的理论探讨尽善尽美，我将进一步解释如下透镜形式：它具有任意凸度或凹度，使得所有来自单个点的光线或平行光线通过该透镜后都汇集于一点。我还要解释对光线具有同样的汇集效果，但两侧凸度相等或者两侧凸度成定比的透镜形式。

如何制作如下透镜：其中一个表面具有任意凸度或凹度，所有来自某给定点的光线通过该透镜后都汇集于一点

首先，设 G、Y、C 和 F 为给定点（图 25），使来自点 G 或平行于 GA 的光线在通过凹透镜后汇集于点 F。点 Y 为该透镜内表面的中心，点 C 为其边缘，则弦 CMC 可知，弧 CYC 的高度 YM 亦可知。首先，我们必须确定透镜 YG 的表面形状属于上文哪类卵形线，才能使所有光线在透镜内部时折向点 H（点 H 的位置尚未知），但在通过透镜后都折向点 F。

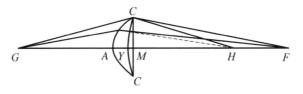

图 25

光线经反射或折射后,其汇集点不再是经反射或折射之前的汇集点,而是改为了另一个点,这样的改变完全是由这些卵形线中的某一条导致的。很容易看出,这一改变可能是由第三类卵形线中刚才被命名为 3A3 的部分或者是名为 3Y3 的部分导致的,或者是由第二类卵形线中名为 2X2 的部分导致。[65] 由于这三种情况所用的计算方法相同,我们可在每种情况下都以 Y 为顶点,C 为曲线上的点,F 为燃火点之一。于是,待确定的就只有另一个燃火点 H 了。点 H 可以按照以下方法求得:令线段 FY 与 FC 的差,与线段 HY 和 HC 的差之比为 $d:e$,也就是说,令两差之比为计算透镜折射率的最长线段与计算透镜折射率的最短线段之比,从上文对卵形线的解释中很容易找到此方法的依据。因为线段 FY 和 FC 已给定,则可知它们的差;然后,因为两差之比已给定,则 HY 和 HC 的差可知;而且,由于 YM 已给定,则可知 MH 和 HC 的差;最后,因为 CM 已给定,则尚待求的只有直角三角形 CMH 的一边 MH。该三角形的另一边 CM 已给定,并且我们已知斜边 CH 与所求边 MH 的差,因此我们可以很容易求出 MH:令 $k=CH-MH$,$n=CM$,则

$$\frac{n^2}{2k} - \frac{1}{2}k = MH,$$

这样就确定了点 H 的位置。

若 HY 大于 FY(图 26),则曲线 CY 是第三类卵形线的第一部分,即上文命名为 3A3 的部分。

若 HY 小于 FY,则包括两种情况:第一种情况,HY 大于 HF,其差

65　注意此处点 H 的位置未知,所以点 H 可能在点 F 的任意一侧。这里的图示是上述的第三种情形,但方向与彼处的图示相反。(译注)

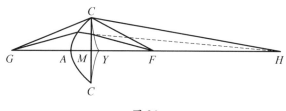

图 26

值与整条线段 FY 的比，大于计算折射率的最短线段 e 与计算折射率的最长线段 d 之比，也就是说，令 $HF=c$，$HY=c+h$，则 dh 大于 $2ce+eh$。这样，CY 必是第三类中同一条卵形线的第二部分，即上文名为 3Y3 的部分。[66]

　　第二种情况，dh 小于或等于 $2ce+eh$，则 CY 是第二类卵形线的第二部分，即上文命名为 2X2 的部分。

　　最后，若点 H 和点 F 重合，当且仅当 $FY=FC$ 时才会如此，此时曲线 YC 为圆。

　　接下来，需要确定透镜的另一个表面 CAC。假设落在其上的光线是平行的，则它应是一个以 H 为燃火点的椭圆，这样就很容易确定它。然而，若假设光线来自点 G，则它应是第一类卵形线的第一个部分，其两个燃火点为 G 和 H，且该卵形线过点 C。A 是该卵形线的顶点，因为 GC 超出 GA 的部分与 HA 超出 HC 的部分之比等于 d 比 e。若令 k 表示 CH 与 HM 的差，x 表示 AM，则 $x-k$ 表示 AH 与 CH 的差；若令 g 表示 GC 与 GM 的差，则 $g+x$ 表示 GC 和 GA 的差。由于 $g+x:x-k=d:e$，我们得到 $ge+ex=dx-dk$ 或 $AM=x=\dfrac{ge+dk}{d-e}$，由此便能确定所求点 A。

66　注意此处光线从透镜内部射向外部，故折射角度和前注中的图示相反。（译注）

如何制作具有如上同样功能且一侧凸度与另一侧凸度或凹度成定比的透镜

现在看另一种情况。假设只给定了点 G、C 和 F，以及 AM 与 YM 的比值，求透镜 ACY 的形状，使该透镜能令所有来自点 G 的光线汇聚到点 F。

在这种情况下，我们可以使用两条卵形线，AC 和 CY，AC 的燃火点为 G 和 H，CY 的燃火点为 F 和 H。要确定这两条卵形线，我们首先假设两者共同的燃火点 H 已知。我根据刚才解释的方法通过点 G、C 和 H 找 AM；也就是说，若用 k 代表 CH 与 HM 的差，g 代表 GC 与 GM 的差，若 AC 是第一类卵形线的第一部分，则得到 $AM = \dfrac{ge + dk}{d - e}$。然后，我们可以通过 F、C 和 H 这三个点来找 MY。若 CY 是第三类卵形线的第一部分，我们用 y 表示 MY，用 f 表示 CF 与 FM 的差，则 CF 和 FY 的差等于 $f + y$；已设 CH 与 HM 的差等于 k，则 CH 与 HY 的差等于 $k + y$。因为该卵形线是第三类的，所以 $k + y : f + y = e : d$，所以 $MY = \dfrac{fe - dk}{d - e}$。接下来，将得出的 AM 和 MY 的值相加，得到 $AM + MY = AY = \dfrac{ge + fe}{d - e}$，因此得出结论，无论点 H 位于哪一侧，线段 AY 与 $GC + CF - GF$ 的比始终等于 e（即计算透镜折射率的两条线段中较短的那条）与 $d - e$（计算透镜折射率的两条线段之差）的比。这是一条非常有趣的定理。由此得到了整条 AY 必须按 AM 和 MY 比例进行切分。由于已知点 M，根据上文的方法，可以找到点 A 和点 Y，最后是点 H。但必须首先确定由此找到的线段 AM 大于、等于还是小于 $\dfrac{ge}{d - e}$。若大于,则 AC 是第一类卵形线的第一部分,CY 是第三类的卵形线的第一部分;若小于,则表明 CY 是第一类的曲线的第一部分,AC 是第三类的卵形线的第一部分;最后,若 AM 等于 $\dfrac{ge}{d-e}$,则曲线 AC 和 CY 须均为双曲线。

由这两个问题可推知无数其他情况,但我于此不再推演,因为它们在折光学中没有实用意义。

我们也可以进一步说明如下问题:当透镜的一个表面是给定的,只要它不是纯平面,也不是由圆锥曲线或圆构成的,应当怎样制作它的另一个表面,才能使得由一个给定点发出的光线,经过这个透镜的折射之后汇集到另一个给定的点。这并不比我刚才解释的问题更难,而是要容易得多,因为路已经开拓出来了。但我更希望由别人解答这个问题,当他们的解答过程不那么一帆风顺时,会更加重视此处证明的这些发现。

如何将以上关于平面曲线的讨论用于三维空间或曲面

在以上所有讨论中,我只考虑了可在平面上绘出的曲线,但对于我们能想象出的由某个物体上的点在三维空间中作规律运动形成的所有曲线,应用我的方法解答也很方便。做法如下:从所考虑的这种曲线上的每个点,向两个相交成直角的平面分别引垂线,因为这些垂线的两端描述的是另外两条曲线,两个平面中各一条,这两条曲线上的所有点都可用上文解释的方法确定,而且所有这些点都可与两平面的共有直线上的点相关联;这样,三维曲线上的点就能完全确定。甚至,如果我们想作一条直线与该曲线垂直相交于给定点,只需在每个平面上各绘制一条直线,分别与两条曲线垂直相交,交点是从给定点引出的垂线与两条曲线的交点；再过每条直线作另外两个平面，分别垂直于该直线所在平面，则这两个平面的交线即是所求。[67]

至此，我认为自己没有遗漏任何了解这些曲线所必须的内容。

67　如下图，三维空间中有曲线 ABC。按照笛卡儿此处的做法，任取垂直相交的两个平面 X 和 Y，它们的交线为 l。作 ABC 在平面 X 上的投影 $A'B'C'$ 和在平面 Y 上的投影 $A''B''C''$，它们分别是平面 X 和 Y 中的曲线，因此，按照笛卡儿所介绍的方法，可以分别建立它们和平面中的直线 l 的关联（即代数表达式或方程）。由于曲线 ABC 可以完全由其投影 $A'B'C$ 和 $A''B''C''$ 确定，而这两条曲线又由它们和 l 的关联确定，因此得到了曲线 ABC 与直线 l 的关联。要求与曲线 ABC 在其上一点，比如点 B 处相垂直的直线，可以先在平面 X 内作与 $A'B'C'$ 在点 B' 处垂直的直线 $D'E'$，在平面 Y 内作与 $A''B''C''$ 在点 B'' 处垂直的直线 $D''E''$。再过 $D'E'$ 作与平面 X 垂直的平面 $D'E'F'G'$，过 $D''E''$ 作与平面 Y 垂直的平面 $D''E''F''G''$，显然，这两个平面的交线过点 B。笛卡儿断言此交线即为在空间中与曲线 ABC 在点 B 处垂直的直线。

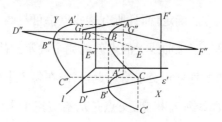

第三章 "立体"及"超立体"问题的作图

就每个问题,我们可使用哪些曲线

虽然可用规则运动描述的每条曲线都应归入几何学,但这并不意味着我们在对每个问题作图时可以任意使用曲线。我们应该总选择可能解决问题的最简单的曲线。但须注意,最简单的意思不仅是指描述起来最简单的曲线,也不仅是使作图或证明更简单的曲线,而主要是可用于确定所求量的最简单的那种曲线。

求多个比例中项的例子

例如,我认为,若求任意数目的比例中项,则上文解释过的用工具 XYZ 绘制的曲线是最简单的方法。若要找到 YA 和 YE 之间的两个比例中项,只需以 YE 为直径作圆,令该圆与曲线 AD 相交于点 D, YD 则是所求的比例中项之一。由于 YA 或 YB($YB = YA$)比 YC 等于 YC 比 YD,也等于 YD 比 YE,因此将该工具应用于 YD 时,证明一目了然。[68]

68　见图 27。(译注)

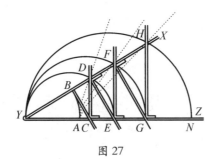

图 27

　　同样，求 *YA* 和 *YG* 之间的四个比例中项，或 *YA* 和 *YN* 之间的六个
比例中项，只需作圆 *YFG*，使该圆与 *AF* 相交于 *F*，由此确定线段 *YF*，即
四个比例中项之一；或作圆 *YHN*，使该圆与 *AH* 相交于点 *H*，由此确定
线段 *YH*，即六个比例中项之一，其余依此类推。

　　但是，曲线 *AD* 属第二类，用第一类的圆锥曲线可求出两个比例
中项；而且，用比 *AF* 和 *AH* 复杂程度低的曲线可求出四个或六个比
例中项，但是，若使用较低类型的曲线求比例中项，在几何学中便是
错的。另一方面，若作图所用曲线比问题性质允许的曲线简单，也是
错的。[69]

69　在第三章的开头，笛卡儿承接了第二章中关于"几何的"问题的复杂性的讨论。在第
　　二章中，笛卡儿证明了每条"几何的"曲线都可以用一个代数方程来表示，这个代数方
　　程的次数代表了问题的复杂性。笛卡儿由此定义了第一类、第二类……曲线。在这
　　里，笛卡儿试图说明，每个"几何"问题都只能用比该问题更"复杂"（也就是类数不低
　　于该问题的类数）的曲线来帮助作图给出。为此，笛卡儿必须首先进一步解释如何从
　　"几何"问题来明确方程的复杂性。这是下面讨论的起点。这段话原文略费解，大致
　　可以理解为：由圆锥曲线可以求出两个比例中项，圆锥曲线是第一类曲线，而这里用
　　到的 *AD* 是更复杂的第二类曲线；求四个或六个比例中项的问题也可以用比曲线 *AF*
　　和 *AH* 复杂程度更低的曲线求出。但是，若用（比问题）更低类型的曲线求比例中项
　　（问题），在几何学中便是错误的。另一方面，若所作曲线比问题本质所允许的更简
　　单，则无助于解决问题。（译注）

方程的性质

在给出避免这两种错误的规则之前,必须对方程的性质作一般性的说明。方程由若干项组成,一些已知,一些未知,其中一些合起来等于余下的合起来;或者,所有这些项合在一起等于零,用这种方式考虑往往最好。

每个方程可能有几个根

在每个方程中,未知量的次数是几,方程就有几个根(即未知量的值)。例如,设 $x=2$ 或 $x-2=0$,又设 $x=3$ 或 $x-3=0$。将两个方程 $x-2=0$ 和 $x-3=0$ 相乘,我们得到

$$x^2-5x+6=0,$$

或

$$x^2=5x-6。$$

在上述方程中,x 的值可为 2,同时 x 的值也可为 3。若我们取

$$x-4=0,$$

用 $x^2-5x+6=0$ 乘 $x-4=0$,我们得到

$$x^3-9x^2+26x-24=0。$$

在这个方程中,x 是三次的,因此该方程有三个根,即 2、3 和 4。

哪些是假根

但是，常常出现有几个根是假根或比零更小的情况。[70]若我们假设 x 表示一个值为 5 的假根，则得到

$$x + 5 = 0。$$

它乘

$$x^3 - 9x^2 + 26x - 24 = 0，$$

得到

$$x^4 - 4x^3 - 19x^2 + 106x - 120 = 0。$$

这是一个有四个根的方程，其中三个为真根，即 2, 3, 4，一个为假根，即 5。

当一个根已知，如何给方程降次

由以上论述清楚可知，具有若干根的方程总能被一个二项式整除。这个二项式由未知量减去一个真根的值或加上一个假根的值组成。这一方法即可降低方程次数。

如何检验某个给定值是不是根

另一方面，若方程各项之和不能被由未知量加或减去另一个量组成

70　此处原文为"*fausses ou moindres que rien*"。一方面，负数作为线段的长度没有意义；另一方面，在笛卡儿的年代，负数本身的意义在欧洲并没有被广泛地认识，而是更多地作为计算的中间步骤被使用。注意笛卡儿所谓的假根是指方程的负数根的绝对值。（译注）

的二项式整除,则后一个量不是方程的根。例如,上述方程

$$x^4 - 4x^3 - 19x^2 + 106x - 120 = 0$$

可被 $x-2$、$x-3$、$x-4$ 和 $x+5$ 整除,但若是 x 加或减任何其他量,则不能整除它。因此,方程只有 4 个根,即 2、3、4 和 5。

一个方程可能有几个真根

由此我们还能知道每个方程有多少真根和多少假根。方法如下:

真根数目与 +、— 号变化的次数相同,假根数目与 + 号连续两次出现或 — 号连续两次出现的次数相同。[71]

例如,上述方程 $x^4 - 4x^3 - 19x^2 + 106x - 120 = 0$。 由于 $+x^4$ 之后是 $-4x^3$,这是从 + 到 — 的符号变化,$-19x^2$ 之后是 $+106x$,$+106x$ 之后是 -120,这又是两次变化,因而可知有三个真根;由于 $-4x^3$ 后面是 $-19x^2$,是两个 — 号连续出现一次,因而有一个假根。

如何将假根变为真根、真根变为假根

很容易对一个方程做些转换,从而使所有假根都变成真根、所有真

---

[71] 这个定理现在被称为笛卡儿符号法则,其一般的陈述为:

对形如

$$f(x) = a_0 x^n + a_1 n^{n-1} + \cdots + a_{n-1} x + a_n$$

的实系数多项式,其正根的个数小于等于其非零系数序列变号的次数,两者的差为一个偶数;其负根的个数小于等于将其奇数项系数换号后所得的新的序列的变号次数,两者的差为一个偶数。笛卡儿在后文解释了,他在这里对真根和假根的讨论也包括了"虚根"的情况。(译注)

根都变成假根。方法如下：改变第二、四、六及所有偶数项的＋、－号，保留第一、三、五及所有奇数项的符号不变。例如，将$+x^4-4x^3-19x^2+106x-120=0$改为$+x^4+4x^3-19x^2-106x-120=0$，改写后的方程有一个真根 5，3 个假根 2、3 和 4。

如何在不求解的情况下使方程的根增大或减小

若在方程根未知的情况下，想要使根增加或减小某给定数值，我们须把方程中的未知量全部用另一个量代替，这个量须大于或小于（原未知量）该给定数值。

例如，方程

$$x^4-4x^3-19x^2+106x-120=0。$$

若要将该方程根的值增加 3，则要用 y 代替 x，并设 y 比 x 大 3，即 $y-3=x$，则 x^2 等于 $(y-3)^2$，即等于 y^2-6y+9，x^3 等于 $y^3-9y^2+27y-27$，x^4 等于 $(y-3)^4$，即 $y^4-12y^3+54y^2-108y+81$。

将前述方程中所有 x 替换为 y，得到

$$
\begin{array}{r}
y^4-12y^3+54y^2-108y+\ 81 \\
+\ 4y^3-36y^2+108y-108 \\
-19y^2+114y-171 \\
-106y+318 \\
-120 \\
\hline
\end{array}
$$

$$y^4-\ 8y^3-\ \ y^2+\ 8y\ \ \ \ \ =0。$$

或

$$y^3 - 8y^2 - y + 8 = 0。$$

它的真根现在是 8，而不是 5，因为已增加了 3。

如果想把这个方程的根减少 3，须令 $y+3=x$，$y^2+6y+9=x^2$ 等，将 $x^4+4x^3-19x^2-106x-120=0$ 改为

$$
\begin{aligned}
y^4 & +12y^3+54y^2+108y+ \ \ 81 \\
& + \ \ 4y^3+36y^2+108y+108 \\
& \qquad\quad -19y^2-114y-171 \\
& \qquad\qquad\qquad -106y-318 \\
& \qquad\qquad\qquad\qquad -120 \\
\hline
y^4 & +16y^3+71y^2- \ \ \ \ 4y-420=0。
\end{aligned}
$$

按此方法通过增大真根来减小假根或通过减小真根来增大假根

应该注意的是，增大一个方程的真根会使其假根减少同样的数值；或者，减小一个方程的真根会使其假根增大同样的数值。若将某真根或假根减少一个等于它的数值，则使该根为零；若减少的数值大于该根，则真根变为假根。若原来该根为 4，则现在变为 1，若原来该根为 3，则现在变为 0；若原来该（假）根为 2，现在变为真根，为 1，因为 $-2+3=+1$。这解释了为什么方程 $y^3-8y^2-y+8=0$ 只有三个根，其中两个为真根，即 1 和 8，一个为假根，也是 1；而另一个方程 $y^4+16y^3+71y^2-4y-420=0$ 只有一个真根 2，因为 $+5-3=+2$，还有三个假根，即 5、6 和 7。

如何消掉方程的第二项

不解方程而改变其根的值,我们用这一方法可做两件于下文有帮助的事。第一,我们总可以消去所研究方程的第二项,方法是:如果方程的第一项和第二项的 $+$、$-$ 符号相反,只要使其真根减小一个量,该量等于第二项的系数除以第一项的次数;如果方程的第一项和第二项符号相同,那么只要使其真根增加同样的量。

例如:方程 $y^4 + 16y^3 + 71y^2 - 4y - 420 = 0$,要消去第二项 $16y^3$,则用 16 除以第一项的次数 4,商为 4。所以,我令 $z - 4 = y$,那么

$$z^4 - 16z^3 + 96z^2 - 256z + 256$$
$$+ 16z^3 - 192z^2 + 768z - 1024$$
$$+ 71z^2 - 568z + 1136$$
$$- 4z + 16$$
$$- 420$$
$$\overline{}$$
$$z^4 \qquad\quad - 25z^2 - 60z - 36 = 0。$$

方程的真根原为 2,现为 6,因为增加了 4;假根原为 5、6、7,现为 1、2、3,因为均减少了 4。

同样,也可以消去方程 $x^4 - 2ax^3 + (2a^2 - c^2)x^2 - 2a^3x + a^4 = 0$ 的第二项,因为 $2a$ 除以 4 等于 $\frac{1}{2}a$,所以,令 $z + \frac{1}{2}a = x$,得到

$$z^4 + 2az^3 \qquad + \frac{3}{2}a^2z^2 \qquad + \frac{1}{3}a^3z + \frac{1}{16}a^4$$

$$- 2az^3 \qquad - 3a^2z^2 \qquad - \frac{3}{2}a^3z + \frac{1}{4}a^4$$

$$+ 2a^2z^2 \qquad + 2a^3z + \frac{1}{2}a^4$$

$$- c^2z^2 \qquad - 2ac^2z \qquad - \frac{1}{4}a^2c^2$$

$$- 2a^3z \quad - a^4$$

$$+ a^4$$

$$z^4 \qquad + \left(\frac{1}{2}a^2 - c^2\right)z^2 - (a^3 + ac^2)z + \frac{5}{16}a^4 - \frac{1}{4}a^2c^2 = 0。$$

求出 z 的值,加上 $\frac{1}{2}a$ 便得到 x 的值。

如何使一个方程的所有假根变为真根,同时不使其真根变为假根

第二件对下文的研究有帮助的事是:使真根增大,增大的值大于任何一个假根,通过这一方法,可使所有根都变为真根。此时,不会再有两个连续的＋项或－项;而且,第三项的系数将大于第二项系数一半的平方。即使假根未知也无妨,因为总能确定假根的近似值,从而取一个值,这个值可以只比假根大出本方法需要的量,也可以大更多。例如,有如下方程

$$x^6 + nx^5 - 6n^2x^4 + 36n^3x^3 - 216n^4x^2 + 1296n^5x - 7776n^6 = 0。$$

令 $y - 6n = x$,得到

$$
\begin{array}{llllll}
y^6 - 36n & y^5 + 540n^2 & y^4 - 4320n^3 & y^3 + 19440n^4 & y^2 - 46656n^5 & y + 46656n^6 \\
+\ n & -\ 30n^2 & +\ 360n^3 & -\ 2160n^4 & +\ 6480n^5 & -\ 7776n^6 \\
-\ 6n^2 & +\ 144n^3 & -\ 1296n^4 & +\ 5184n^5 & -\ 7776n^6 \\
 & +\ 36n^3 & -\ 648n^4 & +\ 3888n^5 & -\ 7776n^6 \\
 & & -\ 216n^4 & +\ 2592n^5 & -\ 7776n^6 \\
 & & & +\ 1296n^5 & -\ 7776n^6 \\
 & & & & -\ 7776n^6
\end{array}
$$

$$
y^6 \quad -35ny^5 \quad +504n^2y^4 \quad -3780n^3y^3 \quad +15120n^4y^2 \quad -27216n^5y \qquad = 0.
$$

显然,第三项的系数 $504n^2$ 大于 $\dfrac{35}{2}n$ 的平方,即大于第二项系数一半的平方。在任何情况下,假根变真根相对于给定的系数需要增加的量的比例不会大于此处。

如何补足方程的缺项

上述情况中,最后一项为零。如果我们不需要最后一项为零,那么须让根的值再多少增大一些,不能增大得太少,不能少于所需。如果想增加方程的次数并补足方程的缺项,那么也不能增大得太多。例如,$x^5 - b = 0$,想要得到一个方程,未知量的次数为 6,没有任何一项为零。首先将 $x^5 - b = 0$ 写为 $x^6 - bx = 0$,再令 $y - a = x$,得到

$$
y^6 - 6ay^5 + 15a^2y^4 - 20a^3y^3 + 15a^4y^2 - (6a^5 + b)y + a^6 + ab = 0.
$$

很明显,当假设 a 的取值很小时,[72]这个方程的每一项必都存在。

72　原文"Qu'il est manifeste que tant petite que la quantité a soit supposée",部分译本译作"不论 a 多小"。若(按文中一贯的假设)$b>0$,则此陈述完全正确。但按照(转下页)

如何乘或除一个方程的根

此外,我们也可用任意一个已知量去乘或除一个方程的所有根,而不必先求出这些根的值。为此,设未知量乘或除以该已知量,得到另一个未知量。然后把第二项的系数乘或除以该已知量,把第三项的系数乘或除以该已知量的平方,把第四项的系数乘或除以它的立方,依此类推,直至最后一项。[73]

如何将方程中的分数化为整数

这一方法可用于将方程中的分数项化为整数项,也常用于各项的有理化。例如,有如下方程

$$x^3 - \sqrt{3}\,x^2 + \frac{26}{27}x - \frac{8}{27\sqrt{3}} = 0。$$

我们若想得到另一个方程,其各项皆以有理数表示,则须设 $y = x\sqrt{3}$,用 $\sqrt{3}$ 乘第二项的系数 $\sqrt{3}$;用 $\sqrt{3}$ 的平方,即 3,乘第三项的系数 $\frac{26}{27}$;用 $\sqrt{3}$ 的立方 $3\sqrt{3}$ 乘最后一项 $\frac{8}{27\sqrt{3}}$,得到

$$y^3 - 3y^2 + \frac{26}{9}y - \frac{8}{9} = 0。$$

(接上页)上文的逻辑看,这样并未说明为何不能"增大得太多"。若不假设 $b > 0$,则只有当 a 充分小时,方程的每一项都存在。(译注)

73 即对多项式方程 $f(x) = 0$,设 $y = ax\ (a \neq 0)$,并考虑 $a^n f\!\left(\dfrac{y}{a}\right) = 0$,其中 n 是多项式 f 的次数。(译注)

如果我们还想再得到一个方程,其中的系数均为整数,那么须设 $z = 3y$, 3 乘 3, $\dfrac{26}{9}$ 乘 9, $\dfrac{8}{9}$ 乘 27,得

$$z^3 - 9z^2 + 26z - 24 = 0。$$

该方程的根为 2、3 和 4,上一个方程的根为 $\dfrac{2}{3}$、1 和 $\dfrac{4}{3}$,最初那个方程的根为 $\dfrac{2}{9}\sqrt{3}$、$\dfrac{1}{3}\sqrt{3}$ 和 $\dfrac{4}{9}\sqrt{3}$。

如何使方程中某项的系数等于任意给定值

这个方法也可用来使某项的系数等于任意给定值。例如,有如下方程

$$x^3 - b^2 x + c^3 = 0。$$

若想得到另一方程,其第三项的系数由 b^2 变为 $3a^2$,则须设 $y = x\sqrt{\dfrac{3a^2}{b^2}}$,得到

$$y^3 - 3a^2 y + \dfrac{3a^3 c^3}{b^3}\sqrt{3} = 0。$$

无论真根假根,都可能为实也可能为虚

真根、假根不一定都是实根,有可能只是虚根。所谓虚根,即是说:对每个方程,我们都可根据我上文的解释,推断它有若干个根,但有时候,每个推断出的根并不一定有确定值与之对应。[74] 例如,方程 $x^3 - 6x^2 +$

---

[74] 此处给出了笛卡儿对"虚(imaginaire)根"的定义。这里的虚根和今天"虚数"的定义并不完全一致,但是不少人认为"虚数(imaginary number)"这一术语来源于笛卡儿。(译注)

$13x-10=0$，根据上文解释的方法，我们可以推断它有三个根，但只有一个是实根，即 2，而另外两个根，无论我们怎样根据上文所说的规则增加、减少或用数值乘它们，它们始终是虚根。

"平面"问题中三次方程的化简

借助方程解决作图问题，当方程中的未知量次数为 3 时，首先，若方程的系数中有分数，则须使用刚才解释的乘法将分数化为整数；若方程的系数中有无理数，则须将它们化为有理数，可以用刚才解释的乘法，也可以用各种其他方法，这样的方法很容易找到。[75] 然后，按顺序检查所有能整除最后一项系数的整数，看它们当中是否有的可以通过 ＋ 或 － 未知量，而组成一个能够整除整个方程的二项式。若可以，则该问题为"平面"问题，也就是说，可用直尺和圆规作图；因为，或者这个二项式中的已知量是所求的根，或者方程除以这个二项式之后变为了二次方程，可以根据本书第一章的解释求出根。[76]

例如，已知方程

$$y^6 - 8y^4 - 124y^2 - 64 = 0。$$

最后一项，即 64，可被 1、2、4、8、16、32 和 64 整除。因此，我们须按顺序考察这个方程是否能被二项式 y^2-1，y^2+1，y^2-2，y^2+2，y^2-4 等整除。由下式可知，它能被 y^2-16 整除：[77]

---

75 事实上，上述方法并不能够将一般的无理系数多项式方程转化为有理系数的，也不存在这样的办法。（译注）

76 这里隐含了这样一个事实：若整数 a 是整系数多项式的一个根，则 a 整除该多项式的常数项。（译注）

77 下一节解释了具体算法。（译注）

$$+ y^6 - \ 8y^4 - 124y^2 \underline{\ - 64} = 0$$
$$\underline{- y^6 - \ 8y^4 - \ \ 4y^2 - 16}$$
$$0 - 16y^4 - 128y^2$$
$$\underline{\qquad -16 \quad - \ \ 16 \qquad\qquad}$$
$$+ \quad y^4 + \ \ 8y^2 + \ 4 = 0。$$

方程除以一个包含其根的二项式

我从最后一项着手,用 -16 除 -64,得 $+4$,我将之写入商;然后将
$+4$ 乘 $+y^2$,写下 $-4y^2$。 我之所以在要被除的方程中写 $-4y^2$,因为这
里使用的是除法,符号必须与使用乘法时相反。将 $-124y^2$ 与 $-4y^2$ 相
加,得到 $-128y^2$,除以 -16,得到 $+8y^2$,写入商中,将之乘 y^2,写下
$-8y^4$,加到要被除的项中,这个要被除的项也是 $-8y^4$,两者相加等于
$-16y^4$,除以 -16 得到 $+y^4$,写入商中,$-y^6$ 加 $+y^6$ 得零,说明已除尽。若
有余数,或前几项中的某一项不能被整除,那么很明显该二项式不是除数。

同样,方程

$$y^6 + (a^2 - c^2)y^4 + (-a^4 + c^4)y^2 - (a^6 + 2a^4c^2 + a^2c^4) = 0。$$

最后一项可被 a、a^2、$a^2 + c^2$、$a^3 + ac^2$ 等整除,但只需要考虑其中的两个,
即 a^2、$a^2 + c^2$,因为其他可导致商的次数比倒数第二项系数的次数更低
或更高,从而使除法不能进行[78]。请注意,我此处将 y^6 的次数视为 3,因

---

78 这段描述可以有多种解释,一种可能的解释是,出于几何的原因(表示线段的各项应
有同样的次数),笛卡儿在这里考虑的是齐次式,即

$$y - a, y^2 - a^2, y^3 - (a^3 + ac^2), \cdots$$

所以有商的次数大于或等于倒数第二项系数次数的说法。(译注)

为方程中没有 y^5、y^3 或 y。考察二项式 $y^2 - a^2 - c^2 = 0$，发现可用它来做除法，如下：

$$\begin{array}{l} \left.\begin{array}{c} +y^6 + a^2 \\ -y^6 - 2c^2 \end{array}\right\} y^4 \left.\begin{array}{c} -a^4 \\ +c^4 \end{array}\right\} y^2 \left.\begin{array}{c} -a^6 \\ -2a^4c^2 \end{array}\right\} = 0 \\[2mm] \left.\begin{array}{c} 0 - 2a^2 \\ +c^2 \end{array}\right\} y^4 \left.\begin{array}{c} -a^4 \\ -a^2c^2 \end{array}\right\} y^2 \left.\begin{array}{c} -a^2c^4 \\ \end{array}\right. \\ \hline \\ \quad\quad -a^2-c^2 \quad -a^2-c^2 \end{array}$$

$$-a^2 - c^2$$

$$\left.\begin{array}{c} +y^4 + 2a^2 \\ - c^2 \end{array}\right\} y^2 \left.\begin{array}{c} +a^4 \\ +a^2c^2 \end{array}\right\} = 0$$

说明 $a^2 + c^2$ 是所求的根。很容易用乘法验证。

方程为三次时，哪些是"立体"问题

但是，当找不到能够整除方程的二项式时，可以肯定相关问题是"立体"问题。如果只用圆和直线作图，就是错的，就像在只需圆的问题中却使用圆锥曲线作图一样。因为，无知即是错误。

"平面"问题中四次方程的简化；哪些问题是"立体"问题

假设有一个方程，其中未知量为四次。消去无理数和分数系数后，要按以上方法看是否能找到一个可整除整个方程的二项式，该二项式的常数项可整除方程的最后一项。若能找到这样的二项式，则该二项式的系数就是所求的根。若找不到这样的二项式，则须按上文解释的方法通过增大或减小根来消去方程的第二项,再归结为另一个三次方程。方法如下。

若方程为

$$+x^4 \pm px^2 \pm qx \pm r = 0,$$

则写下

$$+y^6 \pm 2p^4y^4 + (p^2 \mp 4r)y^2 - q^2 = 0。$$

若前一个方程中有 $+p$,则在后一个方程中写 $+2p$;若前一个方程中有 $-p$,则在后一个方程中写 $-2p$。相反,若前一个方程中有 $+r$,则在后一个方程中写 $-4r$;若前一个方程中有 $-r$,则在后一个方程中写 $+4r$。但无论前一个方程中是 $+q$ 还是 $-q$,都要在后一个方程中写 $-q^2$ 和 $+p^2$,至少当我们设 x^4 和 y^6 的符号为 $+$ 时如此,因为若 x^4 和 y^6 的符号为 $-$ 时,要在后一个方程中写 $+q^2$ 和 $-p^2$。[79]

例如,有如下方程

79　这里事实上使用了待定系数法。对于无法找到二项式整除的方程

$$x^4 \pm px^2 \pm qx \pm r = 0,$$

设若其可约,则存在常数 y, α, β,使得

$$x^4 \pm px^2 \pm qx \pm r = (x^2 + yx + \alpha)(x^2 - yx + \beta)。$$

即有

$$\pm p = -y^2 + \alpha + \beta,$$
$$\pm q = (\beta - \alpha)y,$$
$$\pm r = \alpha\beta。$$

于是有

$$(y^2 \pm p)^2 = \frac{q^2}{y^2} \pm 4r。$$

化简即为笛卡儿的第二个方程。(译注)

$$x^4 - 4x^2 - 8x + 35 = 0,$$

则写

$$y^6 - 8y^4 - 124y^2 - 64 = 0。$$

由于 $p = -4$，须将 $2py^4$ 替换为 $-8y^4$；由于 $r = 35$，须将 $(p^2 - 4r)y^2$ 替换为 $(16 - 140)y^2$ 或 $-124y^2$；由于 $q = 8$，须将 $-q^2$ 替换为 -64。同样，对于方程

$$x^4 - 17x^2 - 20x - 6 = 0,$$

则写

$$y^6 - 34y^4 + 313y^2 - 400 = 0,$$

因为 34 是 17 的 2 倍，313 是 17 的平方与 6 的 4 倍之和，400 是 20 的平方。同样，对于方程

$$z^4 + \left(\frac{1}{2}a^2 - c^2\right)z^2 - (a^3 + ac^2)z - \frac{5}{16}a^4 - \frac{1}{4}a^2c^2 = 0,$$

则写

$$y^6 + (a^2 - 2c^2)y^4 + (c^4 - a^4)y^2 - a^6 - 2a^4c^2 - a^2c^4 = 0,$$

因为

$$p = \frac{1}{2}a^2 - c^2, \quad p^2 = \frac{1}{4}a^4 - a^2c^2 + c^4, \quad 4r = -\frac{5}{4}a^4 - a^2c^2,$$

$$-q^2 = -a^6 - 2a^4c^2 - a^2c^4。$$

在归结为三次方程后，须用上文解释的方法求出 y^2 的值；若求不出，也不必进一步求，因为这就说明该问题一定是"立体"问题。但是，如果求出了 y^2 的值，我们可以用它把前一个方程分为两个方程，其中每个

方程都是 2 次的，它们的根与原方程的根相同。

例如，将方程

$$x^4 \pm px^2 \pm qx \pm r = 0$$

改写为

$$x^2 - yx + \frac{1}{2}y^2 \pm \frac{1}{2}p \pm \frac{q}{2y} = 0$$

和

$$x^2 + yx + \frac{1}{2}y^2 \pm \frac{1}{2}p \mp \frac{q}{2y} = 0。$$

对于双符号，若前一个方程中是 $+p$，则应在这两个方程中写 $\frac{1}{2}p$；若前一个方程中是 $-p$，则应在这两个方程中写 $-\frac{1}{2}p$。 但当前一个方程中是 $+q$ 时，则在含有 $-yx$ 的方程中写 $+\frac{q}{2y}$，在含 $+yx$ 的方程中写 $-\frac{q}{2y}$；相反，若前一个方程中是 $-q$，则应在含 $-yx$ 的方程中写 $-\frac{q}{2y}$，在含 $+yx$ 的方程中写 $+\frac{q}{2y}$。 由此，很容易得到所给方程的全部根，因而，以这个方程为解的问题就能够不用圆规和直尺作图。

例如，对于方程

$$x^4 - 17x^2 - 20x - 6 = 0,$$

考虑

$$y^6 - 34y^4 + 313y^2 - 400 = 0,$$

得到 $y^2 = 16$。 我们须将

$$x^4 - 17x^2 - 20x - 6 = 0,$$

改写为

$$+x^2 - 4x - 3 = 0$$

和

$$+x^2 + 4x + 2 = 0。$$

因为 $y = 4, \frac{1}{2}y^2 = 8, p = 17, q = 20,$ 则

$$+\frac{1}{2}y^2 - \frac{1}{2}p - \frac{q}{2y} = -3,$$

$$+\frac{1}{2}y^2 - \frac{1}{2}p + \frac{q}{2y} = +2。 \quad ^{80}$$

这两个方程的根,与之前首项为 x^4 的方程根相同,其中一个是真根,即 $\sqrt{7} + 2$,其余三个是假根,即 $\sqrt{7} - 2$、$2 + \sqrt{2}$ 和 $2 - \sqrt{2}$。

因此,对方程

$$x^4 - 4x^2 - 8x + 35 = 0,$$

考虑

$$y^6 - 8y^4 - 124y^2 - 64 = 0。$$

后一个方程的根为 16^{81},我们须将 $x^4 - 4x^2 - 8x + 35 = 0$ 改写为

80　由注 79,当求得 y 后,可解出

$$\alpha = \frac{1}{2}\left(y^2 \pm p \mp \frac{q}{y}\right),$$

$$\beta = \frac{1}{2}\left(y^2 \pm p \pm \frac{q}{y}\right)。 （译注）$$

81　事实上,16 是三次方程 $y^3 - 8y^2 - 124y - 64 = 0$ 的根。（译注）

$$x^2 - 4x + 5 = 0$$

和

$$x^2 + 4x + 7 = 0,$$

因为在这里

$$+\frac{1}{2}y^2 - \frac{1}{2}p - \frac{q}{2y} = 5,$$

$$+\frac{1}{2}y^2 - \frac{1}{2}p + \frac{q}{2y} = 7。$$

这两个方程既无真根也无假根,由此可知原方程的四个根都是虚根;以该方程为解的问题,本质上是"平面"问题;但无法作图,因为给定的量不能被联系在同一个问题中。

同样,因为已得出 $y^2 = a^2 + c^2$,所以可将方程

$$z^4 + \left(\frac{1}{2}a^2 - c^2\right)z^2 - (a + ac^2)z - \frac{5}{16}a^4 - \frac{1}{4}a^2c^2 = 0$$

改写为

$$z^2 - \sqrt{a^2 + c^2}\, z + \frac{3}{4}a^2 - \frac{1}{2}a\sqrt{a^2 + c^2} = 0$$

和

$$z^2 + \sqrt{a^2 + c^2}\, z + \frac{3}{4}a^2 + \frac{1}{2}a\sqrt{a^2 + c^2} = 0。$$

这是因为

$$y = \sqrt{a^2 + c^2},\ +\frac{1}{2}y^2 + \frac{1}{2}p = \frac{3}{4}a^2,\ \frac{q}{2y} = \frac{1}{2}a\sqrt{a^2 + c^2}。$$

可得 z 的值为

$$z = \frac{1}{2}\sqrt{a^2 + c^2} + \sqrt{-\frac{1}{2}a^2 + \frac{1}{4}c^2 + \frac{1}{2}a\sqrt{a^2 + c^2}}$$

或

$$z = \frac{1}{2}\sqrt{a^2 + c^2} - \sqrt{-\frac{1}{2}a^2 + \frac{1}{4}c^2 + \frac{1}{2}a\sqrt{a^2 + c^2}}。$$

由于上文已令 $z + \frac{1}{2}a = x$，因此我们得到以上整个过程要求解的 x 的值为

$$\frac{1}{2}a + \sqrt{\frac{1}{4}a^2 + \frac{1}{4}c^2} - \sqrt{\frac{1}{4}c^2 - \frac{1}{2}a^2 + \frac{1}{2}a\sqrt{a^2 + c^2}}。$$

以上化简的用途举例

为了让大家更好地了解这一法则的用途，我须将它应用于某个问题。

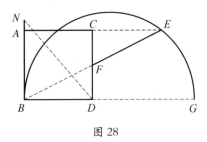

图 28

若正方形 AD 和线段 BN 已给定，要将 AC 延长至 E，使得 EB 上的线段 EF 等于 NB。帕普斯指出，先将 BD 延长至 G，使 $DG = DN$，并以 BG 为直径作圆，若再延长线段 AC，其与圆的交点 E 即为所求点。但是，对于不会这种作图法的人，想要得到点 E 所在的曲线是很难的。若用我们在此提出的方法，他们绝不会想到将 DG 作为未知量，而是将 CF 或 FD 作

为未知量,因为用 CF 和 FD 更容易得出方程。但他们找到一个方程之后,若不使用我刚才解释的法则则不易求解。例如,设 $a=BD$ 或 CD,$c=EF$,$x=DF$,得到 $CF=a-x$,由于 CF 比 FE 或 $a-x$ 比 c,等于 FD 或 x 比 BF,可以写作 $(a-x):c=x:BF$,因此 BF 等于 $\dfrac{cx}{a-x}$。直角三角形 BDF 的一条边为 x,另一条边为 a,两边的平方和 x^2+a^2 等于斜边的平方,即 $\dfrac{c^2x^2}{x^2-2ax+a^2}$;整体乘 $x^2-2ax+a^2$,得到方程

$$x^4-2ax^3+2a^2x^2-2a^3x+a^4=c^2x^2,$$

或

$$x^4-2ax^3+(2a^2-c^2)x^2-2a^3x+a^4=0。$$

根据前述法则,方程的根即线段 DF 的长度,等于

$$\frac{1}{2}a+\sqrt{\frac{1}{4}a^2+\frac{1}{4}c^2}-\sqrt{\frac{1}{4}c^2-\frac{1}{2}a^2+\frac{1}{2}a\sqrt{a^2+c^2}}。$$

若将 BF、CE 或 BE 作为未知量,也将得到一个四次方程,但更容易解,且较容易得到方程。如果以 DG 为未知量,得到方程要难得多,但这个方程也很简单。我在此要提醒大家的是,当所给问题不是“立体”问题,如果我们用某种方法解决它的时候得到了非常复杂的方程,那么通常而言,可以用别的方法找到更简单的方程。

对于三次和二次方程的求解,我还可以再增加各种法则,但也许是多余的,因为任何“平面”问题都可通过这些已知法则作图。

对高于四次的方程进行简化的一般法则

我也可以为五次方程的求解、六次方程的求解和更高次方程的求解

找到法则,但我更愿将它们一并考虑,并说明以下一般法则。

我们应首先试着将给定的方程改写为另一种形式,它的次数等于原方程的次数,且它可由两个次数较低的方程相乘得到。如果在列举了相乘的所有可能性之后,却找不到这样的两个次数较低的方程,那么可以肯定所给方程不能被简化。所以,若未知量的次数为三或四,则我们求解未知量要解决的那个问题是"立体"问题;若方程的次数为五或六,则我们求解未知量要解决的那个问题是比"立体"问题更高一次的问题。依此类推。

我在此省略了大部分证明,因为我认为很简单,你若不辞劳烦,系统地检验,证明就会自动展现在你面前,以这种方式学习证明比阅读别人写好的证明更有益处。

所有简化为三或四次方程的"立体"问题作图的一般方法

当我们确定了给出的问题为"立体"问题时,那么解决问题所用的方程为四次或者三次。通过三种圆锥曲线中的一种(无论哪种),甚至可能是某条圆锥曲线的一部分(无论它有多小),然后只要再加上直线和圆,我们就能得到方程的根。但我在此只谈用抛物线求出所有根的一般法则,因为这一法则在某种意义上说是最简单的法则。

首先,若所给方程的第二项不是零,则须将它消去,若所给方程是三次的,则它可简化为

$$z^3 = \pm apz \pm a^2q;$$

若所给方程是四次的,则它可简化为

$$z^4 = \pm apz^2 \pm a^2qz \pm a^3r.$$

以 a 为单位,前者可以写成

$$z^3 = \pm pz \pm q;$$

后者可以写成

$$z^4 = \pm pz^2 \pm qz \pm r。$$

然后,已知抛物线 FAG,它的轴为 $ACDKL$,它的纵边为 a 或 1,AC 为其纵边的一半,点 C 在抛物线内,A 为抛物线顶点。截取长为 $\frac{1}{2}p$ 的线段 CD,若方程中为 $+p$,则 CD 与点 A 位于点 C 的同一侧;若方程中为 $-p$,则 CD 与点 A 在点 C 的异侧。由点 D(或者,当 p 为零时,由点 C)出发作 DE 垂直于 CD,使 DE 的长等于 $\frac{1}{2}q$。最后,若方程次数为三次,即 r 为零时,以点 E 为圆心、AE 为半径作圆 FG。

但当方程中包含 $+r$ 时,须在 AE 延长线上点 A 的一端(图 29),一侧取 AR 等于 r,另一侧取 AS 等于抛物线的纵边,即等于 1。以 RS 为直径作圆 RHS,然后作 AH 垂直于 AE,AH 与圆 RHS 相交于点 H,点

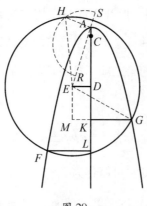

图 29

H 也是圆 FHG 与圆 RHS 的交点。[82] 当方程中是 $-r$ 时,在找到 AH(图 30)之后,以 AE 为直径作圆,使 $AI = AH$, I 即为所求的第一个圆 FIG 上的点[83]。圆 FG 可能与抛物线相切或相交于 1、2、3 或 4 个点,由这些 点向轴作垂线,垂线段长度即为方程的根,包括真根和假根。若 q 的符 号为 +,真根是这些垂线段中与圆心 E 位于抛物线同侧的那些,例如垂 线段 FL;而其余为假根,例如垂线段 GK。若 q 的符号为 -,真根是这 些垂线段中与圆心 E 位于抛物线异侧的那些;与圆心 E 位于抛物线同 侧的那些垂线段为假根或小于零。若圆与抛物线不相交也不相切,则说 明方程既无真根也无假根,所有根均为虚根。这一法则是我们能找到最 普遍,也是最完善的法则,且证明十分容易。若设根据这一作图法找到 的线段 GK(图 29)为 z,则 AK 为 z^2,因为根据抛物线的性质,GK 应为

AK 与抛物线纵边 1 的比例中项。若从 AK 中减去 AC $\left(AC = \dfrac{1}{2}\right)$,

再减去 CD $\left(CD = \dfrac{1}{2}p\right)$,则余下 DK 或 EM 等于 $z^2 - \dfrac{1}{2}p - \dfrac{1}{2}$,其平

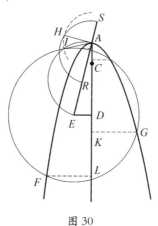

图 30

82　即以点 E 为圆心,EH 为半径作圆。(译注)

83　即以 E 为圆心,EI 为半径作圆。(译注)

方为

$$z^4 - pz^2 - z^2 + \frac{1}{4}p^2 + \frac{1}{2}p + \frac{1}{4}。$$

由于 DE 或 KM 等于 $\frac{1}{2}q$，则整条 GM 等于 $z + \frac{1}{2}q$，其平方为 $z^2 + qz + \frac{1}{4}q^2$。将两个平方相加，得

$$z^4 - pz^2 + qz + \frac{1}{4}q^2 + \frac{1}{4}p^2 + \frac{1}{2}p + \frac{1}{4},$$

这即是线段 GE 的平方，因为 GE 是直角三角形 EMG 的斜边。由于 GE 也是圆 FG 的半径，因此 GE 也可用其他方法表示：ED 等于 $\frac{1}{2}q$，AD 等于 $\frac{1}{2}q + \frac{1}{2}$，所以 EA 等于

$$\sqrt{\frac{1}{4}q^2 + \frac{1}{4}p^2 + \frac{1}{2}p + \frac{1}{4}},$$

因为角 ADE 为直角。由于 HA 为 AS（即 1）和 AR（即 r）的比例中项，因此 HA 等于 $\sqrt{r}$。因为 EAH 为直角，HE 或 GE 的平方等于

$$\frac{1}{4}q^2 + \frac{1}{4}p^2 + \frac{1}{2}p + \frac{1}{4} + r。$$

此式与刚才用另一种方法得到的 GE 的表达式构成方程，该方程与以下方程相同：

$$z^4 = pz^2 - qz + r。$$

由此得出线段 GK（即 z）为该方程的根，证明完毕。若将此算法应用于本法则中的所有其他情况，只需根据具体情形改变 +、− 号，就能找到所

求,我在此无需赘言。[84]

两个比例中项的求法

若我们想依此法则找到线段 a 和 q(图 31)的两个比例中项,我们都知道,设 z 为两个比例中项之一,则 $a : z = z : \dfrac{z^2}{a} = \dfrac{z^2}{a} : \dfrac{z^3}{a^2}$,由此得到 q

----

84 对三次方程的情况我们用相对现代的记号来作一个解释。如下图,

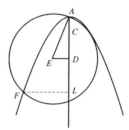

设原方程为

$$z^3 - pz + q = 0。$$

令 $y = z^2$,由

$$z^4 - (p+1)z^2 + z^2 + q = 0,$$

即有

$$\left(y - \frac{p+1}{2}\right)^2 + z^2 = \frac{(p+1)^2}{4} - q。$$

于是原方程可以写作下面两个方程的联立,即

$$\begin{cases} y = z^2, \\ \left(y - \dfrac{p+1}{2}\right) + z^2 = \dfrac{(p+1)^2}{4} - q, \end{cases}$$

其中第一个是抛物线的方程,第二个是所作图中圆的方程。
下面求比例中项的方程作图法也可以同样解释。(译注)

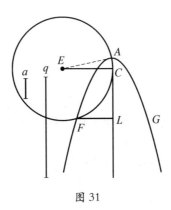

图 31

等于 $\dfrac{z^3}{a^2}$，也即 $z^3 = a^2 q$。

已知抛物线 FAG，AC 为其纵边的一半，$AC = \dfrac{1}{2}a$，由点 C 引长度

为 $\dfrac{1}{2}q$ 的线段 CE，与 AC 垂直于 C，以点 E 为圆心，过点 A 作圆 AF。得

到的 FL 和 LA 即为所求的两个比例中项。

角的三等分

同样，若要将角 NOP（图 32），或者说将圆弧 $NQTP$ 三等分。设

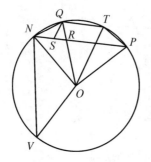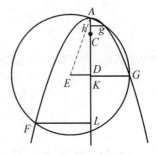

图 32

NO 为圆半径，$NO = 1$；设 NP 为该弧所对的弦，$NP = q$；设 NQ 是该弧的三分之一所对的弦，$NQ = z$。则方程为

$$z^3 = 3z - q。$$

这是因为，已作直线 NQ、OQ 和 OT，并作 QS 平行于 TO，由于 NO 比 NQ 等于 NQ 比 QR 等于 QR 比 RS，因此既然 $NO = 1$、$NQ = z$，则 $QR = z^2$，$RS = z^3$；由于 NP（即 q）只比 NQ 三倍少 RS（即 z^3），我们得到 $q = 3z - z^3$ 或 $z^3 = 3z - q$。

已知抛物线 FAG，CA 为该抛物线纵边的一半，$CA = \frac{1}{2}$；取 $CD = \frac{3}{2}$，垂线 $DE = \frac{1}{2}q$；然后，以点 E 为圆心，过点 A 作圆 $FAgG$，该圆与抛物线相交于抛物线顶点 A 以及另外三个点 F、g 和 G。这表明方程有三个根，其中两个为真根，即 GK 和 gk，第三个是假根，即 FL。两个真根中，最小的根 gk 为所求线段 NQ 的长度。因为另一个真根 GK 与弧 NVP 的三等分对应的弦 NV 相等，弧 NVP 和弧 NQP 合在一起组成圆。通过计算容易得出，假根 FL 等于 QN 与 NV 之和。

使所有"立体"问题简化为这两种作图

无需再举其他例子，因为所有"立体"问题都可以简化到无需借助该法则作图的程度，除非使用这一法则求两个比例中项，或将一个角三等分。问题的难点总能被包含在不高于四次或三次的方程里，所有四次方程都能够借助其他不高于三次的方程而化简为二次方程，而且，我们可以消去方程的第二项。因而，没有一个问题不能简化为如下三种形式之一：

$$z^3 = -pz + q,$$

$$z^3 = +pz + q,$$

$$z^3 = +pz - q。 [85]$$

现在,若得到的是 $z^3 = -pz + q$,根据卡尔达诺[86]的一条法则(卡尔达诺将这条法则的发现归功于费罗[87]),我们得到根为

$$\sqrt[3]{\frac{1}{2}q + \sqrt{\frac{1}{4}q^2 + \frac{1}{27}p^3}} - \sqrt[3]{-\frac{1}{2}q + \sqrt{\frac{1}{4}q^2 + \frac{1}{27}p^3}}。$$

同样地,若得到 $z^3 = +pz + q$,最后一项的一半的平方大于倒数第二项的系数的三分之一的立方。同样根据这一法则,我们得到根为

$$\sqrt[3]{\frac{1}{2}q + \sqrt{\frac{1}{4}q^2 + \frac{1}{27}p^3}} + \sqrt[3]{\frac{1}{2}q - \sqrt{\frac{1}{4}q^2 - \frac{1}{27}p^3}}。$$

由此可知,若一个问题能被简化为这两种形式之一,则其作图只有在涉及求已知量的立方根,即求已知量与单位之间的两个比例中项时,才需借助圆锥曲线。

若我们得到的是 $z^3 = +pz + q$,末项的一半的平方不大于倒数第二项的系数的三分之一的立方。设圆 $NQPV$ 的半径 NO 等于 $\sqrt{\frac{1}{3}p}$,即等于已知量 p 的三分之一与单位之间的比例中项;设位于圆内且两端与圆相交的线段 NP 等于 $\frac{3q}{p}$,即它与另一个已知量 q 的比等于单位与 $\frac{1}{3}p$ 的

85　注意到,上面求比例中项和三等分角的例子分别对应到这里第一个情形中 $p = 0$ 和第三个情形的情况。(译注)

86　Girolamo Cardano (1501—1576),意大利数学家、医生,在哲学、物理学和星占学方面也有成就。(译注)

87　Scipio Ferreus (1465—1526),意大利数学家。(译注)

比;只需将弧 NQP 和弧 NVP 分别三等分,就能得到三分之一的弧 NQP 对应的弦 NQ 和三分之一的弧 NVP 对应的弦 NV。NQ 与 NV 的和即为所求之根。[88]

最后,如果我们得到的是 $z^3 = pz - q$,设圆 $NQPV$ 的半径 NO 等于 $\sqrt{\dfrac{1}{3}p}$,弦 NP 等于 $\dfrac{3q}{p}$,那么弧 NQP 的三分之一对应的弦 NQ 即为一个根,另一条弧的三分之一对应的弦 NV 即为另一个根。此时至少应满足末项的一半的平方不大于倒数第二项的系数的三分之一的立方。因为,若大于,则线段 NP 不能位于圆内,因为此时它比圆的直径长。这就可能导致方程的两个真根都为虚,只有那个假根为实根,根据卡尔达诺法则,这个假根为

$$\sqrt[3]{\frac{1}{2}q + \sqrt{\frac{1}{4}q^2 - \frac{1}{27}p^3}} + \sqrt[3]{\frac{1}{2}q - \sqrt{\frac{1}{4}q^2 - \frac{1}{27}p^3}}。 \quad [89]$$

如何表示三次方程的所有根和四次方程的所有根

此外,应当指出,用根与某些立方体(我们仅知其体积)的边的关系来表示根,这一方法并不比如下方法更清楚、简单:已知三倍的弧(即圆上的部分)长,用根与该弧对应的弦的关系来表示根。由此,那些不能用

88　事实上,这种情况的三次方程被称为是"不可约的",此时,方程有三个实数根,且在一般情况下(即方程不存在有理数根的情况),这些根无法只由实数的根式来表示。因此笛卡儿只能给出几何构造而无法给出根式表示。笛卡儿没有进一步说明此处的几何构造,但是可以证明这样构造的长度满足原方程,读者可自行验证。(译注)

89　如同注 88,当末项的一半的平方小于倒数第二项的三分之一的立方时,方程是不可约的,没有实数的根式解,但可以有几何构造。而当这个不可约条件不成立时,虽然可以用卡尔达诺公式得到实数解,但出于几何的原因,负数解不在笛卡儿的考虑之内。(译注)

卡尔达诺法则求出的三次方程的根,可以用我们在此提出的方法清晰地表示出来。

例如,求如下方程的根

$$z^3 = -qz + p\text{。}^{90}$$

我们知道该方程的根由两条线段之和构成:其中一条线段等于体积为 $\frac{1}{2}q$ 加上面积为 $\frac{1}{4}q^2 - \frac{1}{27}p^3$ 的正方形的一条边长的立方体的一条边长;另一条线段等于体积为 $\frac{1}{2}q$ 减去面积为 $\frac{1}{4}q^2 - \frac{1}{27}p^3$ 的正方形的一条边长的立方体的一条边长。这就是根据卡尔达诺法则得出的结果。但是,若将方程 $z^3 = +qz - p$ [91] 的根看作位于圆中且两端在圆上的线段,该圆半径为 $\sqrt{\frac{1}{3}p}$,并且知道该方程的根是长度为 $\frac{3q}{p}$ 的弦对应的弧的三分之一对应的弦。跟用卡尔达诺法则求解相比,我们的做法同样清楚,甚至更清楚。

这样一来各项要简单得多,若使用一些特殊符号来表示这些弦,各项会变得更简洁,比如用符号 $\sqrt[3]{}$ 来表示立方体的边。

接下来,我们也可用以上解释的方法表示所有四次方程的根。在这方面,目前我已没有更多可说的了。因为,这些根的性质使然,我们不能用更

---

90 原文如此,但此方程的解并不符合下面的描述,应为

$$z^3 = -pz + q\text{。(译注)}$$

91 原文如此。但按照笛卡儿上面的理论,这个方程所对应的圆的半径应为 $\sqrt{\frac{1}{3}q}$,其根所对应的三条分弦的长度应为 $\frac{3p}{q}$ 。故和注 90 一样,此处应为

$$z^3 = -pz + q\text{。(译注)}$$

简单的表达式来表示它们,也不能用更一般、更简单的作图来寻找它们。

为什么"立体"问题必须用圆锥曲线作图,更复杂的问题必须用其他更复杂的曲线作图

的确,我还没有说为什么我敢保证某事可能或不可能。但如果大家注意到,几何学家考虑的所有问题是怎样通过我的方法而被简化为了同一类问题——即求出方程的根,就会明白,与其他求根的方法相比,我们所选的是最一般、最简单的方法。尤其是关于"立体"问题,我指出"立体"问题只能用比圆更复杂的曲线来作图。"立体"问题常常都可以被简化为两种作图,其中一种必须得到两个点,这两个点决定了两条给定线段的比例中项,另一种必须得到将已知弧线三等分的两个点。因为圆的弯曲度只取决于圆周各个部分与圆心的关系,所以我们用它只能确定两端之间的一个点,就像用它只能找到两条给定线段的一个比例中项,或者把一条弧线分成两部分。而圆锥曲线的弯曲度总是由两个不同因素决定,所以能够用于确定不同的两个点。

但也是出于同样的原因,任何比"立体"问题高一次、需要四个比例中项或者将弧线五等分才能解答的问题,都不可能用任何一个圆锥曲线来作图。我按上文解释的方法运用抛物线和直线的交点构成的曲线,给出了这些问题作图的一般法则。[92]我认为,在这个问题上,我已尽力。我相信,就达成同一目的而言,再无性质更简单的曲线。你已看到,在古人十分关注的这个问题上,这条曲线紧跟在圆锥曲线之后,这个问题的解答依次提出了所有应被归入几何学的曲线。

---

92 即第二章中图 11 所构造的曲线。(译注)

一个问题若可归结为六次方程，则其作图的一般方法

当我们求为这些问题作图所需的量时，您已经知道了我们如何总能将这些问题用一个不超过六次或五次的方程表示出来。您也知道，如何通过增大这个方程的根，使根都成为真根，同时，使第三项的系数大于第二项系数一半的平方。您也知道，如果方程不高于五次，如何使它升为六次，并且不缺项。为了用同一条法则解决我们在此谈到的所有困难，我希望大家按照上文所说的方法来做，总是通过这一方法把问题归结为如下形式的方程：

$$y^6 - py^5 + qy^4 - ry^3 + sy^2 - ty + u = 0,$$

其中 q 大于 $\frac{1}{2}p$ 的平方。

作线段 BK（图 33），并使其向两个方向无限延伸，自点 B 引线段 AB 垂直于 BK，AB 的长度为 $\frac{1}{2}p$。在另一个平面上画一条抛物线

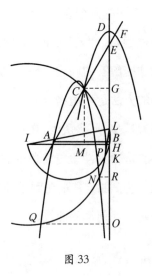

图 33

CDF，其主轴上的纵边为 $\sqrt{\dfrac{t}{\sqrt{u}}+q-\dfrac{1}{4}p^2}$，我简称之为 n。

然后将抛物线所在平面放置在直线 AB 和 BK 所在平面的上方，使抛物线的轴 DE 重叠置于直线 BK 之上；在轴上截取长度为 $\dfrac{2\sqrt{u}}{pn}$ 的线段 DE，取一把直尺，一端经过点 E，另一端连在下方平面中的点 A 上，当我们沿直线 BK（抛物线的轴重叠置于其上）上下移动抛物线时，直尺应始终经过点 E 和点 A。通过这一方法，抛物线与直尺的交点 C 将绘制出一条曲线 ACN，该曲线就是所给问题要用到的曲线[93]。绘制出 ACN 之后，在直线 BK 位于抛物线凸向的那一侧取点 L，令 BL 等于 DE，即等于 $\dfrac{2\sqrt{u}}{pn}$；然后，同样在直线 BK 上，朝向 B 的方向取 LH 等于 $\dfrac{t}{2n\sqrt{u}}$；由点 H 出发，向曲线 ACN 所在的一侧引线段 HI，HI 垂直于 LH，HI 的长度为

$$\frac{r}{2n^2}+\frac{\sqrt{u}}{n^2}+\frac{pt}{4n^2\sqrt{u}},$$

我简称之为 $\dfrac{m}{n^2}$；然后，连接点 L 和点 I，以 IL 为直径作圆 LPI，在圆内作两端在圆周上、长度为 $\sqrt{\dfrac{s+p\sqrt{u}}{n^2}}$ 的线段 LP；最后，以 I 为圆心，过以上得出的点 P 作圆 PCN，则该圆与曲线 ACN 相交或相切，交点及切点个数等于方程根的个数。由这些点向直线 BK 引出的垂线段，如 CG、NR、QO 等即为方程的根。这条法则无例外、永远有效。若 s 与 p、q、r、t、u 相比较大，使线段 LP 大于圆的直径 IL，LP 不能位于圆内且两端在

93　此即图 11 所作的曲线，可以用一个三次方程表示。（译注）

圆周上,则所给方程的所有根均为虚根;若圆 IP 较小,与曲线 ACN 无相交,则所给方程的所有根也均为虚根。圆 IP 与曲线 ACN 可以在六个不同的点相交,这时方程就有六个不同的根。若交点没有那么多,则说明有些根是相等的,或者是虚根。

用抛物线的运动来绘制曲线 ACN,若您认为此法不方便,则想找几种其他方法也不难。

例如,AB 和 BL(图 34)的量同前;BK 的量设为前述抛物线的纵边;在 BK 上任取一点为圆心,作半圆 KST,使其与 AB 相交于某一点 S,由半圆的端点 T 出发,向 K 的方向取线段 TV,TV 等于 BL;然后,已有线段 SV,再过点 A 作线段 AC 平行于 SV;再过点 S 作线段 SC 平行于 BK;两组平行线相交的点 C 即所求曲线上的一个点。我们可依照此法找到所求曲线上任意多的点。

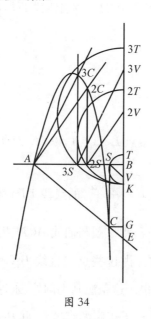

图 34

以上内容的证明都很简单。直尺 AE(图 33)和抛物线 ED 一定都经过点 C,因为点 C 在曲线 ACN 上,曲线 ACN 是直尺 AE 和抛物线

ED 的交点绘制出来的。若令 $CG = y$，则 GD 等于 $\dfrac{y^2}{n}$，因为纵边 n 与

CG 的比等于 CG 比 GD。从 GD 中减去 $DE\left(DE = \dfrac{2\sqrt{u}}{pn}\right)$，得到 $GE =$

$\dfrac{y^2}{n} - \dfrac{2\sqrt{u}}{pn}$。接下来，由于 AB 比 BE 等于 CG 比 GE，因为 AB 等于

$\dfrac{1}{2}p$，所以 BE 等于 $\dfrac{py}{2n} - \dfrac{\sqrt{u}}{ny}$。

同样，设曲线的点 C 已通过线段 SC（SC 平行于 BK）与 AC（AC 平行于 SV）的交点找到，$SB = CG = y$（图34）。因为 BK 等于抛物线的纵边 n，$KB : SB = SB : BT$，所以 $BT = \dfrac{y^2}{n}$。因为 TV 等于 BL，即等于

$\dfrac{2\sqrt{u}}{pn}$，所以 BV 等于 $\dfrac{y^2}{n} - \dfrac{2\sqrt{u}}{pn}$；因为 $SB : BV = AB : BE$，所以 BE 如前

一样等于 $\dfrac{py}{2n} - \dfrac{\sqrt{u}}{ny}$。由此看出，以两种方法作出的是同一条曲线。

进一步，因为 $BL = DE$（图33），所以 $DL = BE$；因为 $LH = \dfrac{t}{2n\sqrt{u}}$，

$DL = \dfrac{py}{2n} - \dfrac{\sqrt{u}}{pn}$，由 $LH + DL$，可得整条 DH 的长度 $\dfrac{py}{2n} - \dfrac{\sqrt{u}}{ny} +$

$\dfrac{t}{2n\sqrt{u}}$。从中减去 GD，即减去 $\dfrac{y^2}{n}$，得到

$$GH = \dfrac{py}{2n} - \dfrac{\sqrt{u}}{ny} + \dfrac{t}{2n\sqrt{u}} - \dfrac{y^2}{n}。$$

我将各项按顺序整理，得到

$$GH = \dfrac{-y^3 + \dfrac{1}{2}py^2 + \dfrac{ty}{2\sqrt{u}} - \sqrt{u}}{ny},$$

GH^2 等于

$$\frac{y^6 - py^5 + \left(\frac{1}{4}p^2 - \frac{t}{\sqrt{u}}\right)y^4 + \left(2\sqrt{u} + \frac{pt}{2\sqrt{u}}\right)y^3 + \left(\frac{t^2}{4u} - p\sqrt{u}\right)y^2 - ty + u}{n^2 y^2}$$ 。

不论我们设想点 C 位于这条曲线上的什么位置,靠近 N 还是靠近 Q,以点 H 和由点 C 向 BH 所引垂线的垂足为端点的线段的平方,总可用同样的式子表达,$+$、$-$ 符号也相同。

进一步,由于 IH 等于 $\frac{m}{n^2}$ 且 LH 等于 $\frac{t}{2n\sqrt{u}}$,角 IHL 为直角,因此

IL 等于 $\sqrt{\frac{m^2}{n^4} + \frac{t^2}{4n^2 u}}$。 由于 LP 等于 $\sqrt{\frac{s}{n^2} + \frac{p\sqrt{u}}{n^2}}$,又由于角 IPL 为直角,因此 IP 或 IC 等于

$$\sqrt{\frac{m^2}{n^4} + \frac{t^2}{4n^2 u} - \frac{s}{n^2} - \frac{p\sqrt{u}}{n^2}}$$ 。

由于已作 CM 垂直于 IH,IM 为 IH 与 HM 或 CG 的差,即 $\frac{m}{n^2}$ 与 y 的差,因此 IM 的平方总是等于

$$\frac{m^2}{m^4} - \frac{2my}{n^2} + y^2$$ 。

从 IC 的平方中减去 IM 的平方,得到 CM 的平方,即

$$\frac{t^2}{4n^2 u} - \frac{s}{n^2} - \frac{p\sqrt{u}}{n^2} + \frac{2my}{n^2} - y^2,$$

它等于刚才已求得的 GH 的平方。或者,将这个值(即 CM 的平方)像另一个值(即 GH 的平方)一样除以 $n^2 y^2$[94],得到

94　即通分后将分母写作 $n^2 y^2$。(译注)

$$\dfrac{-n^2y^4 + 2my^3 - p\sqrt{u}\,y^2 - sy^2 + \dfrac{t^2}{4u}y^2}{n^2y^2}\text{。}$$

然后用 $\dfrac{t}{\sqrt{u}}y^4 + qy^4 - \dfrac{1}{4}p^2y^4$ 代替式中的 n^2y^4，用 $ry^3 + 2\sqrt{u}\,y^3 + \dfrac{pt}{2\sqrt{u}}y^3$

代替 $2my^3$，将 CM 平方和 GH 平方分别乘 n^2y^2，得到

$$y^6 - py^5 + \left(\dfrac{1}{4}p^2 - \dfrac{t}{\sqrt{u}}\right)y^4 + \left(2\sqrt{u} + \dfrac{pt}{2\sqrt{u}}\right)y^3 + \left(\dfrac{t^2}{4u} - p\sqrt{u}\right)y^2 - ty + u$$

等于

$$\left(\dfrac{1}{4}p^2 - q - \dfrac{t}{\sqrt{u}}\right)y^4 + \left(r + 2\sqrt{u} + \dfrac{pt}{2\sqrt{u}}\right)y^3 + \left(\dfrac{t^2}{4u} - s - p\sqrt{u}\right)y^2\text{。}$$

也即是说，得到

$$y^6 - py^5 + qy^4 - ry^3 + sy^2 - ty + u = 0\text{。}$$

由此可知，线段 CG、NR、QO 等为需求解方程的根。

求四个比例中项

若想求线段 a 和 b 之间的四个比例中项，设 x 为其中的第一个比例

中项，则方程为

$$x^5 - a^4b = 0$$

或

$$x^6 - a^4bx = 0\text{。}$$

令 $y - a = x$，得到

$$y^6 - 6ay^5 + 15a^2y^4 - 20a^3y^3 + 15a^4y^2 - (6a^5 + a^4b)y + a^6 + a^5b = 0。$$

所以须取 $AB = 3a$，抛物线的纵边 BK（即 n）等于 $\sqrt{\dfrac{6a^3 + a^2b}{\sqrt{a^2 + ab}} + 6a^2}$，

DE 或 BL 等于 $\dfrac{2a}{3n}\sqrt{a^2 + ab}$。根据这三个量描述出曲线 ACN 之后，必定有

$$LH = \frac{6a^3 + a^2b}{2n\sqrt{a^2 + ab}},$$

$$HI = \frac{10a^3}{n^2} + \frac{a^2}{n^2}\sqrt{a^2 + ab} + \frac{18a^4 + 3a^3b}{2n^2\sqrt{a^2 + ab}},$$

以及

$$LP = \frac{a}{n}\sqrt{15a^2 + 6a\sqrt{a^2 + ab}}。$$

这是因为，以 I 为圆心的圆经过按此方法得到的点 P，与曲线相交于两点 C 和 N。由点 C 和点 N 各引线段分别垂直于 NR 和 CG，若用较大的 CG 减去较小的 NR，得到的差即为要求的四个比例中项之一。

用同样的方法可以将一个角五等分，在圆中嵌入正十一边形或正十三边形。找到这条法则的无数其他实例并不难。

但要注意，在许多这样的例子中，圆可能会倾斜地与第二类抛物线相交，交点很难识别，此时这种作图法就不太可行。但很容易解决，只需仿照这一法则建立其他法则，就像我们能够建立千百条其他法则一样。

但我的目的不是要写一本厚厚的书，而是要言简意赅。大家也许会发现，我通过把所有同类问题都简化为同一种作图，从而给出了把它们转化为无限多的其他构图的方法，也给出了以无限多种途径解决每一个

问题的方法。而且，我通过圆与直线相交完成了所有"平面"问题的作图，通过圆与抛物线相交完成了所有"立体"问题的作图，通过圆与比抛物线高一次的曲线相交完成了所有比"立体"问题高一次的问题的作图，接下来，若要为更高次的问题作图，只要遵循同一条路即可。因为，随着数学的进步，已知前两项，找到其他项并不难。

　　我希望后世能够感谢我，不仅为我在这里已解释的东西，而且也为我有意不说的东西，我不说是为了给他们留下发明的愉悦。

翻译参考文献

[1] Henk J. Bos *Redefining geometrical exactness*, Spinger, 2001.

[2] Henk J. Bos *On the representation of curves in Descartes' Géométric*, Archive for History of Exact Science, Vol. 24, No. 4 (1981), 295 – 338.

[3] Henk J. Bos *Descartes, Pappus' Problem and the Cartesian Parabola: A Conjecture*, in *An investigation of difficult things — Essays on Newton and the History of the Exact Sciences*, edited by P. M. Harman and Alan E. Shapiro, Cambridge University Press, 1992.

[4] Danile Capecchi and Giuseppe Ruta *Mechanics and Mathematics in ancient Greece*, Encyclapedia 2022, 2, 140 – 150.

[5] T. L. Heath *Apollonius of Perga, treatise on conic sections*, Cambridge University Press, 1896.

[6] Jan P. Hogendijk *Descartes' "Brcuillon Profect" and the "Conics" of Apollonius*, Centaurus, Vol.34 (1991), 1 – 43.